BERNHARD VON MUTIUS

# Disruptive Thinking Work- & Playbook

Wie disruptives Denken im Alltag wirksam wird

GABAL

Externe Links wurden bis zum Zeitpunkt der Drucklegung des Buches geprüft.
Auf etwaige Änderungen zu einem späteren Zeitpunkt hat der Verlag keinen Einfluss.
Eine Haftung des Verlags ist daher ausgeschlossen.

Bibliografische Information der Deutschen Nationalbibliothek

Die Deutsche Nationalbibliothek verzeichnet diese Publikation in der
Deutschen Nationalbibliografie; detaillierte bibliografische Daten sind
im Internet über http://dnb.d-nb.de abrufbar.

ISBN 978-3-86936-932-7

Lektorat: Anke Schild, Hamburg
Umschlaggestaltung: Martin Zech, Bremen | www.martinzech.de
Autorenfoto: Richard Pichler
Foto Seite 1: Aleksandar Kosev – Fotolia.com
Layoutkonzept und Grafiken: Hilger & Boie Design
Satz und Gestaltung: Das Herstellungsbüro, Hamburg | www.buch-herstellungsbuero.de
Druck und Bindung: Salzland Druck, Staßfurt



Wir drucken in Deutschland.

www.gabal-verlag.de
www.facebook.com/Gabalbuecher
www.twitter.com/gabalbuecher

FSC
www.fsc.org
MIX
Papier aus verantwortungsvollen Quellen
FSC® C120110

# Inhalt

*»Der eine wartet, bis die Zeit sich wandelt,*
*der andere packt kräftig zu und handelt.«*

Dante

# Vorspiel: Warum dieses Work- & Playbook?

## Meine persönliche Erfahrung

Dieses Buch war zunächst nicht geplant. Ich dachte, mit dem 2017 erschienenen Band *Disruptive Thinking* sei schon alles gesagt. Zumal dieser bereits einen ausführlichen, andersfarbig gestalteten Praxisteil mit Methodenhinweisen und vielen Visualisierungen enthält. Manche Leser, die eigentlich eher an der intellektuellen Auseinandersetzung mit den disruptiven Tendenzen dieser Zeit interessiert waren, haben mir erzählt, dass sie gerade dieser Teil angesprochen hat.

Oft wurde der Wunsch geäußert: Mehr davon! Könnten Sie nicht den kleinen gelben »Denkbildern« – von denen ich geschrieben hatte, sie seien »manchmal auch als Tools nutzbar« – noch etwas mehr Raum geben? Können Sie uns dazu nicht noch ein wenig mehr sagen? Zum Beispiel, wie wir diese Bilder tatsächlich als Tools einsetzen können? Wie geht das? Schon das war ein trif tiger Grund, sich noch einmal ans Werk zu machen.

## Disruptive Thinking trifft den Kern

Hinzu kam eine andere Erfahrung, die ich in vielen Vorträgen und Workshops nach dem Erscheinen des Buches machen konnte: Offenbar treffen Themen des Disruptive Thinking Kernfragen von Strategie, Führung und Organisation in der digitalen Transformation. Das gilt vor allem für drei Themen:

- Das Thema Nichtwissen: Umgang mit Ungewissheit und Unsicherheit im Management. Kennen Sie das?
- Das Thema Widersprüche: Widersprüche nutzen und produktiv machen, auf dem Markt und in der Organisation. Wie geht das?
- Das Thema Menschen stärken: Wie können wir den Einzelnen in dieser Umbruchzeit stärken? Wie können wir psychologische Sicherheit geben?

Dann gibt es eine übergreifende Fragestellung des Disruptive Thinking, die viele für relevant halten: Reicht es, nur von digitaler Transformation zu sprechen? In dieser Umbruchzeit? Oder haben wir es nicht auch mit einer kreativen Revolution zu tun? Gibt diese Blickerweiterung nicht unserem Handeln mehr Freiheitsgrade?

Diese Themen und Fragen werden deshalb auf den folgenden Seiten immer wieder beleuchtet werden. In Hinblick auf die Praxis. Mit Beispielen aus der Praxis. Und mit Methoden und Tools für die Praxis. Für Ihre Praxis.

## Disruptive Thinking = Kreativität hoch zwei

Disruptives Denken ist mehr als Querdenken. Richtig genutzt, kann es kreative und agile Praktiken auf überraschende Weise weiterführen. Neulich hat mir jemand nach einem Workshop gesagt, es sei »Kreativität hoch zwei«. Warum dies?

- Weil es unsere Potenziale von Kreativität in Führung und Organisation *und* zugleich die Realitätstauglichkeit kreativer und innovativer Lösungsansätze steigert.
- Weil es um die Widersprüche in unseren Organisationen und in ihrem Umfeld keinen Bogen macht, sondern diese als Dreh- und Angelpunkt der kreativen Arbeit begreift. Denn wer mit Widersprüchen souverän umgehen kann, ist oft in der Lage, eine Hebelwirkung zu erzeugen. In der Innovationsarbeit wie in internen Veränderungsprojekten.

## Call me Trim Tab

Disruptive Thinking kommt damit möglicherweise der Frage nahe, die den Architekten, Erfinder und vielseitigen Systemdenker Richard Buckminster Fuller, von seinen Freunden »Bucky« genannt, zeit seines Lebens fesselte: Wie kann es gelingen, mit etwas Kleinem eine große Wirkung zu erzielen? Er fand dafür das Bild des »Trim Tab«: ein kleines Trimmruder am großen Ruder eines Schiffes oder Flugzeuges, das mit geringem Aufwand ziemlich viel bewegt. Disruptive Thinking wirkt wie ein Trim Tab. Widersprüche zu verstehen und zu nutzen kann enorm viel bewirken – gerade wenn es gilt, Teams, Organisationen und Institutionen durch unruhige Zeiten zu steuern.

Bei Buckminster Fuller gibt es eine wunderbare Stelle, die mich immer sehr bewegt hat und die ich hier sinngemäß wiedergebe: »Irgendwas traf mich neulich wie ein Schlag, als ich darüber nachdachte, was der Einzelne (›one little man‹) tun kann. Stell dir die Queen Mary vor – das ganze Schiff zieht an dir vorbei und dann kommt das Ruder. Und da ist ein winziges Ding am Ende des Ruders, das nennt man Trim Tab. Es ist ein Miniaturruder. Mit der Bewegung des winzigen Trim Tab entsteht ein Unterdruck, der das Ruder herumzieht. Dazu braucht es fast gar keine Kraft. Und ich sagte mir: Das einzelne Individuum kann ein Trim Tab sein. Die Gesellschaft gibt uns oft das Gefühl, allein und isoliert zu sein. Aber wenn du die Dynamik der Dinge durchdenkst und dich mental darauf einstellst, brauchst du nur einen Schritt zu tun und das große Schiff des Staates beginnt sich zu bewegen. So sagte ich mir: Call me Trim Tab.«*

* Im englischen Original: »Something hit me very hard once, thinking about what one little man could do. Think of the Queen Mary – the whole ship goes by and then comes the rudder. And there's a tiny thing at the edge of the rudder called a trim tab. It's a miniature rudder. Just moving the little trim tab builds a low pressure that pulls the rudder around. Takes almost no effort at all. So I said that the little individual can be a trim tab. Society thinks it's going right by you, that it's left you altogether. But if you're doing dynamic things mentally, the effect is that you can just put your foot out like that and the whole big ship of state is going to go. So I said, call me Trim Tab.« Vgl. Richard Buckminster Fuller, Ideas and Integritys, Lars Müller Publishers, Baden 2009, S. 19 f.

Vermutlich würden das heute nur noch wenige mit diesem Enthusiasmus sagen. Und aus dem »one litte man« würden viele wohl lieber »one small team« machen. Aber das tut nichts zur Sache. Das Bild des »Trim Tab« ist so frisch wie am ersten Tag.

## Das Kleine und das Große

Das wäre das Ideal, dass etwas Kleines einen Sog auslöst, durch den vielleicht etwas Größeres in Bewegung kommt. Das passt zu den vielen Initiativen der kreativen Erneuerung in und außerhalb traditioneller Organisationen. Das passt zu der Idee der Start-up-Bewegung. Das passt zu einer Zeit, in der im europäischen Raum verstärkt darüber nachgedacht wird, wie es gelingen kann, mit einer Kreativitätsoffensive sogenannte »Sprunginnovationen« zu fördern. »Sprunginnovation« ist ja nur ein anderes Wort für disruptive Innovation, zumindest für einige Aspekte davon.

Dieses Wort soll die Vorstellung von Forschern und Innovatoren beflügeln, zum großen Sprung anzusetzen, um neue Märkte zu erschließen, statt nur in kleinen Schritten voranzukommen. Ob in der Molekularbiologie oder in der personalisierten Medizin, ob auf dem Gebiet der künstlichen Intelligenz oder in der sogenannten Bioökonomie, der Idee einer Kreislaufwirtschaft, in der Ressourcen nicht nur verbraucht, sondern auch wieder genutzt werden.

Dazu braucht es nicht nur großzügige Fördergelder. Es braucht auch ein lebendiges Ökosystem, eine gute Vernetzung zwischen Unternehmen, Start-ups, Hochschulen, Fachhochschulen und anderen Forschungseinrichtungen. Und es braucht ein anderes, großzügiges Denken, das sich bereits im Kleinen erprobt, alte Strukturen aufzubrechen. »Wir müssen jetzt eine ganze Reihe von Strukturen aufbrechen. Alles ist wichtig, was dazu beiträgt, Wissen zu vernetzen […]. Wir müssen uns Instrumente ausdenken, die vor allem den kleinen Unternehmen helfen […]. Und wir müssen gleichzeitig die hierarchischen Strukturen an vielen Stellen zugunsten von Netzwerkstrukturen auflösen«, so eine Stellungnahme des Forschungsministeriums vom Sommer 2018.

Ja, das sehe ich auch so. Vielleicht kann Disruptive Thinking dazu beitragen. Als Haltung und als Methodik, unterstützt durch ein paar hilfreiche Instrumente.

## Die Faszination des »Mikro« und des »Machens«

»Mikro« ist eine Signatur der neuen Zeit. Es kennzeichnet die digitale Transformation ebenso wie die kreative Revolution. Der Großrechner verschwindet in der Hosentasche. Großlabore geben Diagnoseverfahren an das Smartphone ab. Und ich rede hier gar nicht von den für Laien unvorstellbaren Möglichkeiten der Nanotechnologie oder der EUV-Lithografie (extrem ultraviolette Strahlung), mit der nun die Herstellung der nächsten Chipgeneration möglich ist, bei der die Größe der Halbleiterstrukturen sich nach und nach der Atomdimension annähert.

Bleiben wir im Bereich der sozialen Interaktionen und Prozesse. Mikrostrukturen und hocheffizientes Mikromanagement prägen agile Methoden wie Design Thinking oder Scrum. Die Abläufe und Schrittfolgen sind in kleine und kleinste Einheiten zerlegt und mit einer detaillierten zeitlichen Vorgabe hinterlegt. Der Time Timer läuft. Traditionell arbeitende Manager sind immer wieder erstaunt, was alles in eine halbe Stunde passt und was in zehn Minuten, ja in einer Minute noch alles möglich ist.

Dies korrespondiert mit einer spielerischen Lust, Dinge einfach zu machen, auszuprobieren, anzufangen, die ersten kleinen Schritte zu tun und nicht auf den großen strategischen Plan zu warten. Der, wenn er denn kommt, oft schon wieder überholt ist.

Ich finde das gut. Mir gefällt diese Haltung der kreativen Macher. Sie steckt an, sie eckt an, sie stößt an. Sie gleicht in ihrem Experimentierdrang der des Entdeckers oder der Forscherin, die selbst ihre eigenen Routen finden wollen – abseits der von ihren Vorgängern gebahnten Wege. Und sie ist zugleich etwas ganz Eigenes. Genau diese eigenständige und eigensinnige Praxis unterstützt Disruptive Thinking, das ich an anderer Stelle auch »Denken ohne Geländer« genannt habe. Oder noch kürzer: »Off-road-Denken«.

Ich habe ja auch das Glück, manchmal Teil dieser spielerischen, experimentellen Bewegung zu sein. Zum Beispiel an der HPI School of Design Thinking. Staunend und bewundernd. Aber ich habe natürlich auch einige Erfahrungen in der alten Welt sammeln können. Und ich glaube, es wird in der Zukunft zunehmend darauf ankommen, diese beiden Welten mit ihren Spannungsfeldern auf kreative Weise zusammenzubringen.

Die Rede war von Praxis und von Tools. Dabei sollten wir uns beim Machen nichts vormachen. Zum Begriff »Disruptive Thinking« gehört das Thinking. Dieses Wort steht da nicht, weil es cool klingt. Mit dem Tun sollte das Verstehen einhergehen. Es geht um Praxis. Aber nicht um eine mechanisch nachahmende, anderen nachjagende Praxis. Vielmehr um eine lebendige, aufgeklärte, atmende Praxis.

»Atmend« heißt, einen Moment innehalten, achtsam beobachten und reflektieren zu können, was man tut. Und somit stets in der Lage sein, Hindernissen auszuweichen, sich möglicherweise neu zu orientieren und flexibel auf Unerwartetes zu reagieren. Das ist Disruptive Thinking.

## Muster, die verbinden

Disruptive Thinking bezieht seine Kraft aus diesem Wechselspiel. Es besteht nicht nur aus dem Brechen von Mustern und Regeln, sondern auch aus dem Verstehen von Mustern und Regeln. Dieses Verstehen ermöglicht erst den verständigen Gebrauch von Tools. Oder die Entwicklung neuer, zeitgemäßer Instrumente und Methoden. Also Mustererkenntnis vor der Verfolgung von Regeln oder der Anwendung von Tools. Oder zumindest zeitgleich, wenn dies möglich ist.

Wie will man sonst begreifen, welche Regeln und Muster gebrochen werden sollen und welche nicht? Welche Tools dabei helfen und welche nicht?

Ich habe – und hier erlaube ich mir, für einen Augenblick meine kritische Beobachtung ins Spiel zu bringen – in manchen kreativen Prozessen so viel Nachahmung erlebt. So viel Imitation, so viel eifrige Konformität in der Anwendung von Tools. Das widerspricht allen kreativen Ansprüchen, die doch alle hochhalten. Ein Dilemma. Wie kommen wir da raus? Vielleicht gehört es zum Selbst-disruptiv-Sein dazu, dann und wann die Tools zur Seite zu legen? »Drop your tools«, wie der Organisationsforscher Karl Weick es einmal formulierte. Ich füge hinzu: »and be aware of the patterns«.

Disruptives Denken ermöglicht es uns, Muster wahrzunehmen und zwischen ihnen zu wechseln, sich nicht einschnüren zu lassen nur auf die Mikroebene. Das bedeutet, mehr Freiheitsgrade im Handeln zu haben.

Es bedeutet auch, den Blick zu schärfen für die manchmal gravierenden Unterschiede zwischen dem, was im Kleinen, experimentell und iterativ erabeitet wird, in agilen Projekten, in Start-ups, Digital Hubs, und dem, was – in manchen, sehr seltenen Fällen – später daraus wird. Das ist der Unterschied zwischen Irritation und Disruption. Oder zwischen einem Schneeball und einer Lawine. Wenn Sie dabei an Amazon denken, ist das nicht verkehrt. Dazu gleich mehr.

## Zoom in & out

Mein Idealbild für dieses Denken ohne Geländer und Barrieren ist der Zoom. Künftig wird die Fähigkeit, zu zoomen, gefragt sein. In beide Richtungen. Vom Großen ins Kleine, aber auch vom Kleinen ins Große. Zoom in & out. Wie in dem kleinen, großartigen Film *Powers of Ten* von Charles und Ray Eames. Erhellender als Google Earth. Bis in die kleinsten Einheiten hinunter und wieder hinauf, um größere Zusammenhänge wahrnehmen zu können.

Gebraucht wird ein Denken, das Muster erkennt, die verbinden, um mit Gregory Bateson zu sprechen. Netzwerke und Widersprüche sind solche starken, wirkmächtigen Muster. Ebenso wie Symmetrien, Kombinationen oder Kreisläufe. Sie finden sich auf der Mikroebene wie auf der Makroebene und in vielen Abstufungen dazwischen. Es sind Formen dynamischer, lebendiger Zusammenhänge, die im Disruptive Thinking eine entscheidende Rolle spielen. Wer diese Muster lesen kann, hat es leichter, sich in einer hochkomplexen Welt zurechtzufinden und zugleich im guten Sinne einfache, nachhaltige, lebensfähige Lösungen zu entwickeln.

## Schneeball und Lawine

Über eines sollten wir uns beim Experimentieren im Klaren sein: Disruptionen sind in der Realität des Wettbewerbs auf den globalen Märkten noch etwas anderes als disruptiv gedachte Prototypen in der agilen Projektarbeit. Das ist nicht nur ein Unterschied der Größe, das ist der Unterschied zwischen Schneeball und Lawine.

Es ist eine Sache, sich vor der Haustür an Schneebällen zu erfreuen, wenn der erste Schnee fällt; eine andere ist es, dies an einem lawinengefährdeten Hang zu tun. Für diejenigen, die bei YouTube erleben, wie eine Lawine ausgelöst wird, mag das ein spektakulärer Anblick sein. Für andere, die im Tal von den Schneemassen überrascht werden, ist das weniger lustig. Disruptionen sind gefährlich. Erfolgte Disruptionen sind erschütternd. Das sollen wir bei allem spielerischen Herangehen in der Arbeit nicht vergessen.

Amazon weiß das. Jeff Bezos hat es zumindest erahnt, als er die graue Kiste, mit der Amazon seine Cloud-Dienste für Kunden zu einem handfesten Argument formte, »Snowball« nannte. Dieser Name ist fast so genial wie die zum Begriff gewordene Wortschöpfung »Cloud«. Eigentlich geht es nur um den Transport großer Datenmengen vom Rechner des Kunden zum großen Server von Amazon. Mit dem Amazon sehr viel Geld verdient. Die Amazon Web Services waren bekanntlich in den vergangenen sechs oder sieben Jahren für Amazon der große Ertragsbringer und haben der Firma aus Seattle eine dominante Position im Cloud-Markt beschert. Natürlich schon aus einer starken Startposition heraus entwickelt. Wenn Historiker sich eines Tages fragen, wie Jeff Bezos es geschafft hat, im Jahre 2018 rund 1,2 Millionen Dollar in der Stunde zu verdienen, werden sie sich auch an diese graue

Kiste und ihren Schneeballeffekt erinnern. Das ist Skalierung wie aus dem Lehrbuch. Und das ist der springende Punkt. Ob sich die Wortschöpfer der »Sprunginnovation« dieses Bedeutungszusammenhangs bewusst waren?

Das war ein kleiner Umweg. Für den, der sich in dieser Einleitung gleich To-do-Listen erhofft hat (die kommen später, in anderer Form), vielleicht etwas ungewöhnlich. Aber das kommt in schwierigem Gelände schon mal vor. Umwege gehören zu einem Bergweg. Sie gehören zu einer Expedition. Man kann bei diesen Umwegen meist viel mehr erleben und erfahren über die Beschaffenheit des Geländes und über die schwierige Aufgabe, die man übernommen hat, als auf den Charts, die man sich vor Antritt der Reise zurechtgelegt hat. Wir werden danach die Vorstellung aufgeben, dass wir den Verlauf disruptiv erscheinender Ideen von den kleinsten Anfängen bis zu einem erhofften Größeren genau berechnen könnten. Das ist Humbug. Zum Expeditionscharakter des disruptiven Denkens gehört die Zumutung des Nichtwissens und des Sichirrens. Es könnte sein, dass wir nach Indien aufbrechen und Amerika erreichen.

## Wie dieses Buch angelegt ist

Dies ist auf den ersten Blick ein Playbook, wie wir es vom professionellen Football oder Basketball kennen. Es bereitet Sie als Akteurin oder Akteur auf typische Spielsituationen vor, skizziert mögliche Taktiken und Spielzüge. Wer Basketball aktiv spielt oder gespielt hat, weiß, dass die Coaches dabei der Defensive meist noch mehr Gewicht zumessen als der Offensive. Zuerst muss man verhindern, dass der Gegner ungehindert zum Korb zieht, ehe man eigene Körbe erzielen kann. Da gibt es eine offenkundige Parallele zum disruptiven Spiel, geht es hier doch für Unternehmen (wie auch für politische Organisationen) zunächst darum, möglichen Angriffen zuvorzukommen und das »To be disrupted« zu vermeiden, ehe man selbst sein eigenes Spiel entfalten kann. Möglichst schnell, mannschaftsdienlich, kombinationsfreudig, passgenau und treffsicher.

So weit, so gut. Doch dann hört es schon auf mit der Tauglichkeit dieses Vergleichs. Denn die uns bekannten Ballsportarten sind in der Regel nicht disruptiv. Warum? Weil sie in jeder Hinsicht regelbasiert sind.

Man kann Spielzüge (meist) berechnen und deshalb gut auf einer Taktiktafel skizzieren. Es gibt (meist) eindeutige Spielregeln, an die sich alle zu halten haben. Das Spielfeld verändert sich nicht während des Spiels, die Körbe oder Tore bleiben an der gleichen Stelle. Die Mannschaftsstärke steht vorher genau fest etc.

Das disruptive Spiel ist anders. Es verändert sich selbst fortwährend während des Spiels. Kennen Sie das? Es kommen ständig neue Akteure hinzu, die Spielregeln ändern sich laufend – oder werden gebrochen. Man weiß nicht genau, wo das Spielfeld beginnt und wo es aufhört. Ja, man kann es gar nicht ganz überblicken. Ein Spiel mit vielen Unbekannten. Ungewissheit, Unsicherheit und Überraschungen sind an der Tagesordnung. Der Boden ist uneben, oft rissig und brüchig, Hänge können ins Rutschen kommen. Und die Dauer des Spiels bemisst sich nicht nach Minuten oder Stunden. Man ist Tage unterwegs, manchmal auch Wochen, Monate oder Jahre. Das ist das disruptive Spiel. Es gleicht mehr einer Expedition als einem Ballspiel. Deshalb prägt der Expeditionscharakter auch den Aufbau des Buches.

Ja, es ist ein Playbook, aber es ist zugleich auch ein Workbook. Es ist ein »Anleitfaden« für die Praxis. Wenn es gilt, kreativer und agiler zu werden, Grundannahmen infrage zu stellen, radikale Innovationen zu fördern und die Organisation auf die Expedition in eine neue Welt mitzunehmen.

## Eine Expedition in vier Teilen

Während dieser Expedition machen wir an vier Stationen Halt.

Das sind die vier Teile dieses Buches:

I. Basecamp: Die mentale Herausforderung
»Be prepared for the unexpected«

II. Aufstieg: Die strategische Herausforderung
»Be surprisingly simple«

III. Gratwanderung: Die organisationale Herausforderung
»Break routines«

IV. Return to home base: Die kulturelle Herausforderung
»Encourage people«

In ihnen beschäftigen wir uns jeweils mit der nächsten vor uns liegenden Wegstrecke und betrachten vier zentrale Herausforderungen, die wir alle auf unterschiedlichen Ebenen zu meistern haben.

Wir lernen die disruptiven Entwicklungen, die uns begegnen können, in ihren verschiedenen Spielarten und Facetten besser einzuschätzen. Und wir bekommen im gleichen Atemzug ein Gefühl dafür, wie disruptives Denken uns dabei helfen kann, diese Herausforderungen kreativ und verantwortlich zu meistern.

Dabei hat jedes Kapitel seinen eigenen Rhythmus. Die mentale Herausforderung ist anders getaktet als die strategische. Deshalb empfehle ich Ihnen, wie bei einer echten Expedition zwischen den Teilen Pausen einzulegen. Sie können diese Pausen unterschiedlich nutzen. Zum Nachsinnen, zum Notieren, zum Reden mit anderen oder einfach zum Gar-nichts-Tun. Sie werden erspüren, was Ihnen in welchem Moment guttut. So wie die Situationen unterschiedlich sind, in denen Sie vielleicht das eine oder andere aus diesem Buch ausprobieren wollen.

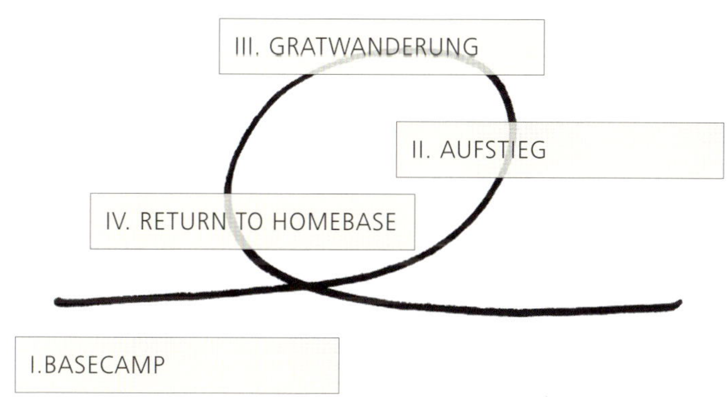

## Drei Möglichkeiten, dieses Buch zu nutzen

Das heißt konkret, dass Sie drei Möglichkeiten haben, um dieses Buch zu nutzen.

Erstens: in der täglichen Führungsarbeit, in Innovations- und Veränderungsvorhaben. Integriert in die dafür bereits in Ihrer Organisation entwickelten Prozesse, Formate und Challenges (zum Beispiel in Leadership-Programmen, im Design Thinking, im Service-Design, im Change-Management). Oder unabhängig davon, situativ, etwa bei »Offsite-Meetings«, gemeinsam mit anderen, in der Arbeit in gemischten Teams. Aber manchmal auch individuell, wenn es darum geht, allein zu reflektieren und sich über die nächsten Schritte Klarheit zu verschaffen. *(Work hard.)*

Zweitens: in einem von Ihnen speziell angelegten mehrstufigen Lernprogramm, einer Lernexpedition etwa für Führungskräfte oder Nachwuchsführungskräfte. Mit den vier beschriebenen Modulen, vielleicht an unterschiedlichen Lernorten. Mit verschiedenen Formaten, mit Cross-Industry-Erfahrungen, mit bewusst experimentellen und spielerischen Elementen verknüpft. Und mit ausreichend Zeit für die Reflexion und für Haltepunkte mit Blick auf den Transfer in die Alltagsarbeit. *(Play hard.)*

Drittens: in der Kombination von Lernen, Spielen und Arbeiten. Beginnend beispielsweise mit einem Basisworkshop (Modul I und II) als Auftakt für die Arbeit von Teams an konkreten Aufgaben und Projekten. Später ein Vertiefungsworkshop (Modul III und IV) mit einer Überprüfung der bisher gemachten Erfahrungen, mit einem hohen Spielanteil und möglicherweise neuen Teamaufträgen. So können Sie erfahren, was wirklich funktioniert. *(Work hard, play hard.)*

## Für wen ist das Playbook nützlich?

Das Playbook ist zum Beispiel nützlich für:

- Innovatoren, Veränderer, Projektverantwortliche
- Unternehmensleiter und Teamleiter
- Strategen und Organisationsentwickler
- Parteiobere und Parteiuntere, Unparteiische
- Unangepasste, Unbequeme, Querulanten und Weiterdenker
- Start-up-Akteure, digitale und soziale Entrepreneure
- Coaches, Design Thinker, systemische und nichtsystemische Berater
- Alle, die nicht in diese Schablonen passen
- Macher und Möglichmacher

Weniger nützlich ist es sicherlich für Gamer. Oder für Wissbegierige, die mehr über E-Sport erfahren wollen. Dieses Buch lässt überhaupt einige Bereiche unberücksichtigt, die eine eingehendere Würdigung verdient hätten. Dies ist zum Beispiel kein Buch über Gamifikation, obwohl ich aus eigener Anschauung weiß, wie stark das zurzeit in vielen Organisationen diskutiert wird. Aber das bräuchte wirklich eine eingehendere Untersuchung, vorurteilslos, aber auch kritisch. Oder das spannende Feld der Lego Serious Plays. Ein spielerischer Ansatz, um in Organisationen in den Dialog zu kommen. Das hätte insbesondere in Teil III gut hineingepasst. Ich habe in beiden Fällen darauf verzichtet. Nicht nur aus Platzgründen, sondern auch, weil ich da zu wenig Expertise habe. Doch beide Themenfelder zeigen wie viele andere, über die ich in diesem Buch spreche, dass spielerische Elemente immer mehr in die »seriöse« Welt der Arbeit und Zusammenarbeit einziehen.

## Wiederkehrende Elemente

In jedem Kapitel wird es einige – explizite oder implizite – wiederkehrende Elemente geben, die uns auf das vorbereiten, was auf der kommenden Etappe der Expedition möglicherweise auf uns wartet:

- Hintergrund: Typische Kontexte und Situationen, in denen disruptive Entwicklungen auftreten können
- Beispiele: Exemplarische Fälle, Erfahrungen und Lösungsansätze von neuem, disruptivem Denken
- (Lern-)Aufgaben: Was folgt daraus für die eigene Praxis? Was können wir lernen und im Alltag wie umsetzen?
- Methoden, Tools, Übungen: Gibt es gute Taktiken, Spielzüge, Instrumente, die wir einüben können?
- Praktische Imperative und Prinzipien: Wie kann sich unser Mindset, unsere innere Haltung mit den Herausforderungen mitentwickeln?
- Take-aways: Verdichtete Kernaussagen als Orientierungshilfe
- Literaturtipps: Wer hat schon vorgedacht? Von wem kann man mehr lernen, als zwischen diese Buchdeckel passt?

Jedes der vier Kapitel ist zweigeteilt: Zuerst werden die Themen und Hintergründe beleuchtet und beispielhafte Anregungen gegeben. Dann finden Sie (farblich abgesetzt) einige mögliche Anwendungen, Methoden, Tools und Anleitungen zum Selbermachen.

## Meine Lieblingstools

Einige der Tools und Denkbilder sind meine persönlichen Favoriten. Ich habe sie besonders gekennzeichnet. Meine Favoriten sind durch folgendes Symbol markiert:

*»Mein Rat ist, mentale Widerstandsfähigkeit zu trainieren. Das werden wir auf jeden Fall brauchen können. Die wichtigste Fähigkeit für die Zukunft ist, uns permanent auf Veränderungen einzustellen. Wer das kann, ist gut gewappnet.«*

**Yuval Noah Harari**

*»When pattern are broken, new worlds emerge.«*

**Tuli Kupferberg**

*»Ein Mensch steigt niemals höher, als wenn er nicht weiß, wohin er geht.«*

**Oliver Cromwell**

*»The important thing is not to stop questioning.«*

**Albert Einstein**

# I. Basecamp

## Die mentale Herausforderung

»Be prepared for the unexpected!«

## Spiele werden im Kopf entschieden

Mentales Training ist bei Hochleistungssportlern ein wesentlicher Bestandteil der Vorbereitung auf den Wettkampf. Die Bilder im Kopf entscheiden über Erfolg und Misserfolg. Ist der Sportler in der Lage, seine Ziele zu imaginieren und sich ganz darauf zu konzentrieren? Oder wird er abgelenkt von störenden, negativen Gedanken? Kann die Athletin im entscheidenden Augenblick die positiven Bilder von ihrem Können abrufen, die sie sich vorher fest eingeprägt hat?

Hochleistungssportler haben aber auch Bilder von den zu erwartenden Schwierigkeiten und Strapazen, von den vor ihnen liegenden, manchmal extremen Strecken mit all ihren Tücken und Widrigkeiten im Kopf. Sie wissen, dass Unerwartetes passieren kann. Viele bauen bewusst Störungen in ihren Trainingsalltag ein und üben konsequent, damit umzugehen. Auch indem sie im Training früh scheitern lernen, damit sie nicht im Wettkampf scheitern.

Menschen, die nicht im Hochleistungssport aktiv sind – und das sind wohl die meisten von uns –, haben dagegen in ihrer Organisation oft eine ganz andere mentale Prägung erhalten. Das verdeutlicht die folgende Skizze:

**Alte Welt – neue Welt**

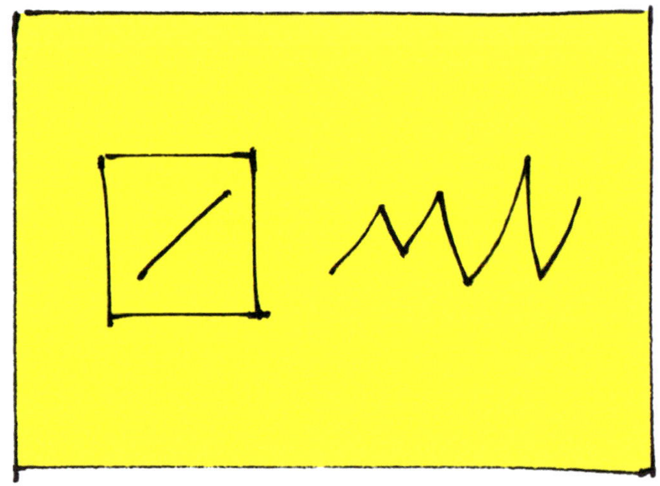

*Linear*
*Autobahn-Denken*

*Nicht linear*
*Bergweg-Denken*

## Eine kleine Skizze dieser Zeit

Ein Denkbild. Vielleicht auch ein Leitbild anderer Art. Genauer gesagt, sind es zwei Bilder, die einander gegenübergestellt werden:

Auf der einen Seite das Bild, das für viele Jahrzehnte bei uns Gültigkeit beanspruchte. Ein Bild der Stabilität, des stetigen linearen Wachstums und der Sicherheit. Mit einer von links nach rechts verlässlich ansteigenden Line, wie wir sie von unzähligen Chartpräsentationen kennen. Eingerahmt von einem Kästchen.

Auf der anderen Seite ein Bild der Brüche und Turbulenzen, eine unruhige, ungewisse Welt nicht linearer, teilweise steil exponentieller Entwicklungen. Ausschnitte dieses Bildes ähneln sogar dem linken, aber es sind eben nur Ausschnitte.

## Denken in der Komfortzone

Das rechte Bild der Doppelskizze erscheint uns ziemlich extrem.

Das linke ist uns dagegen sehr vertraut. Es kommt aus unserer Mitte. Wir haben es in zahlreichen Bildvarianten zu sehen bekommen: als Bild von der Erfolgsspur unseres Unternehmens, vom Wachstum und von Zuwächsen, von wunderbaren Prognosen und Erwartungen. Da gab es nur Erfolg, Wissen und Gelingen. Keine Störungen, keine Ungewissheit und kein Scheitern. Alles ging stets bergauf.

Solche linearen Bilder einer sicheren Erfolgsspur haben unser Denken geprägt. Aus den Prägungen wurden Grundannahmen über die Welt, auch wenn wir uns dessen nicht bewusst sind.

Was sind diese Grundannahmen?

In der uns vertrauten Welt (linke Seite der Skizze):

1. ist das Nichtwissen nicht vorgesehen,
2. gibt es für das Scheitern keinen Grund,
3. ist der Widerspruch ausgeschlossen.

Diese Annahmen engen das Blickfeld ein. Sie wirken wie unsichtbare innere Grenzen – als mentale Barrieren. Wir richten uns diesseits dieser Barrieren so gut es geht behaglich ein. Vor dem, was jenseits liegt, entwickeln wir eine Scheu. Ich nenne es: Autobahndenken. Oder: ein Denken in der Komfortzone.

Selbst wenn wir kreative Ideen und neue Lösungen entwickeln, bleiben wir unbewusst auf diesem abgegrenzten Terrain. Das beschränkt unsere Wahlmöglichkeiten und unseren Handlungsspielraum. Und wenn wir mit dem Denkmodus aus der Komfortzone in eine widersprüchliche, turbulente Welt kommen, sind wir irritiert – und werden leicht frustriert. Manchmal sogar aggressiv. Das passiert momentan an vielen Orten.

## Was ist die Aufgabe?

Die Aufgabe heißt: spielerisch zu lernen, diese mentalen Barrieren zu überwinden.

Es ist die mentale Herausforderung des Disruptive Thinking. Und wie sofort ersichtlich, geht es dabei tatsächlich ums Denken. Nämlich darum, Grundannahmen infrage zu stellen und diese vielleicht umzukehren.

Denn, das ist meine These, die Wirklichkeit selbst ist oft disruptiv in dieser Zeit. Und daraus folgt: Eine der wichtigsten Fähigkeiten, die wir brauchen, ist die Fähigkeit, sich darauf einzustellen. Die disruptive Wirklichkeit nicht nur passiv, murrend oder grummelnd zu erleiden, sondern sie aktiv, kreativ, möglichst freundlich und verantwortlich mitzugestalten. Es ist die Fähigkeit, die wir auf einem Bergweg brauchen. Ein schwieriger Weg, der uns einiges abverlangt. Der uns aber auch wunderbare neue Aussichten und Erfahrungen ermöglicht.

Andere finden dafür andere Metaphern: Wer versucht, sich an die alten stabilen Parameter zu klammern, »wird auf der Strecke bleiben, und die Erde wird einfach an ihm vorbeiziehen. Das bedeutet, der Mensch muss lernen, immer noch belastbarer zu werden, zugleich aber ausgeglichen genug, um durch diesen unendlichen Sturm zu segeln und mit der ständigen Anforderung umzugehen«, sagt der israelische Historiker Yuval Noah Harari dazu.

## Geht das wieder weg?

Ich bin mal gefragt worden: Geht das wieder weg? Nein, ich glaube eher nicht. Und das hat etwas mit dem zu tun, was seit einigen Jahren als VUCA-Welt durch die Literatur, durchs Netz und durch Konferenzen geistert.

VUCA ist das Kürzel für Volatility, Uncertainty, Complexity, Ambiguity. Also schon eine ziemlich gute Beschreibung für die rechte Abbildung der Grafik »Alte Welt – neue Welt«. Die mentale Herausforderung liegt darin, sich damit so vertraut zu machen und anzufreunden, wie wir das bei dem linken Bild gelernt haben.

Das bedeutet, vom »So ist es!« (links) in die Frageform wechseln zu können und zu fragen: »Ist es so?« (rechts). Und was können wir daraus machen?

So ist es!

Ist es so?

## Was können wir damit anfangen und daraus machen?

Möglicherweise haben Sie schon eine Idee, was man mit der Doppelskizze anstellen kann. Sie können sie zum Beispiel als Street-Art in die Eingangshalle der Headquarter mächtiger Institute, Firmen oder Parteien hängen. Darunter die Zeile: »Watch out! Be prepared for the unexpected!« Es ist ja verblüffend, dass ein anderes Doppelbild, das des Street-Art-Künstlers Banksy, im geschredderten Zustand, sozusagen nach erfolgter Disruption, neben einem Rembrandt hing. Street-Art hat es endgültig ins Museum geschafft, wie die *Süddeutsche* schrieb.

Sie können es – und das nun ernsthaft gemeint – als Grundlage für eine Strategieklausur nehmen. Und die Frage stellen: Sind wir uns sicher, dass es so weitergeht wie auf der linken Seite?

Sie können es aber auch abseits der Hektik des Tages für sich allein nutzen: Wann ist mein Leben so verlaufen, wie auf der linken Seite dargestellt? Wann hingegen ähnelte es eher dem Bergweg? Was ist da passiert? Habe ich diese Entwicklung kommen sehen – oder vielleicht intuitiv antizipiert?

Deshalb lohnt es sich, noch etwas mehr ins Detail zu gehen, bevor wir zu den Hilfsmitteln, zu den Methoden und Tools kommen, die uns möglicherweise im Alltag dabei unterstützen, mit all dem besser umzugehen.

## »Be prepared for the unexpected!«

Ich verstehe dies als Leitmotiv. »Be prepared for the unexpected« heißt: das Nichtwissen im Wissen akzeptieren. Als unseren ständigen Begleiter.

Das ist wahrscheinlich die größte Herausforderung. Für uns alle. Für Organisationen und Institutionen. Und für alle, die sie führen – und bereit sind, sich selbst zu führen und sich dabei nichts vorzumachen.

Vor einigen Wochen habe ich mit einem Vorstand eines der führenden deutschen Automobilhersteller süddeutscher Provenienz gesprochen. Er sagte mir: Die Ungewissheit ist heute das größte Problem für unsere Manager. Früher konnten wir einigermaßen gut abschätzen, welche Produkte in sechs oder sieben Jahren vom Markt gefragt werden. Heute können wir es nicht mehr. Wir müssen lernen, uns darauf einzustellen.

Ähnliches beobachte ich in vielen Branchen in dieser Zeit. Ein Vorstand eines sehr innovativen Maschinenbauers schrieb mir in diesen Tagen:

»Die Zeiten sind recht turbulent. Die unsichere wirtschaftliche Lage beschäftigt uns. Noch geht es uns exzellent, aber es haben sich doch einige sehr dunkle Wolken am Horizont gebildet. Wer weiß, vielleicht vergehen sie wieder, aber im Moment sind wir verunsichert durch die unsichere Weltwirtschaft […]. Wir müssen deshalb in der Lage sein, uns selbst infrage zu stellen. Man muss dies tun, bevor es andere machen.«

## Die Ungewissheit annehmen

Darum geht es. Die Ungewissheit annehmen. Fragen stellen, vielleicht auch sich selbst infrage stellen. Dabei mögliche Entwicklungen antizipieren, es wagen, etwas Neues auszuprobieren, und mit kreativem Selbstvertrauen ans Werk gehen. Auch wenn einem gerade nicht danach zumute ist. Also nicht nur reflexhaft zu reagieren, wie das manche leider tun. So wie mir vor Kurzem eine sehr engagierte Mitarbeiterin eines Finanzdienstleisters berichtete: Bei uns »nehmen die Themen Prozesse und Kosten gerade wieder Fahrt auf«. Alle anderen Themen seien erst mal weg von der Agenda.

Manche Berater haben uns in den letzten Jahren glauben machen wollen, mehr Daten, mehr Informationen, besseres Wissen und die richtigen Geschäftsmodelle würden die Welt berechenbarer, vorhersagbarer, vielleicht sogar sicherer machen.

Aber das war entweder naiv oder überzogene PR. In jedem Fall war es eine Illusion. Und auf die Illusion folgt meist die Frustration. Es sei denn, man versteht sie als Irritation. Und beginnt über ein paar scheinbare Gewissheiten noch einmal neu nachzudenken.

## Stellen Sie sich vor …

Stellen Sie sich vor, im Zusammenhang mit der nächsten Kostensenkungswelle Ihres Unternehmens würde möglicherweise auch Ihr Job zur Disposition stehen. Das wäre ein heftiger Schlag. Doch vielleicht kommt diese Drohung gerade zu einer Zeit, da Sie schon seit einer Weile überlegen, ob Sie sich nicht mit einer eigenen Idee selbstständig machen wollen. Jetzt wäre vielleicht der richtige Moment. Wissen werden Sie es erst in ein paar Jahren. Und Sie erinnern sich dann an die Zeile von Max Raabe: Der perfekte Moment wird heute verpennt.

Oder stellen Sie sich vor, eine langjährige Beziehung sei vor einiger Zeit in die Brüche gegangen. Das hat Sie bis in Ihre Grundfesten erschüttert. Auch Ihr Körper hat Ihnen das gemeldet. Sie haben dann etwas getan, was Sie vorher nie getan hätten: Sie sind zu einer Kur gefahren. Oder Sie haben wieder zu tanzen begonnen. Dabei haben Sie jemanden getroffen, mit dem Sie sich vorstellen könnten, noch einmal neu anzufangen.

Nehmen Sie dem Nichtwissen den Makel des Defizitären. Stellen Sie Ihr eigenes Nichtwissen ins rechte Licht.

Nehmen Sie dem Aus-der-Bahn-geworfen-Werden den Stachel des Lebensgefährlichen. Vielleicht ist das Ereignis lebensspendend. Sie können es heute nicht wissen.

Nehmen Sie das Scheitern ernst und spielerisch, nur nicht konventionell. Vielleicht war da nur ein kleines Missgeschick im Job. Vielleicht geht gerade wirklich etwas kaputt. Vielleicht entsteht auch gerade jetzt etwas bahnbrechend Neues, das Sie so früher nicht für möglich gehalten hätten.

Ein guter Freund von mir, ein erfahrener Alpinist, ist vor einiger Zeit beim Tourengehen von einem Schneebrett erfasst worden. Er wurde mitgerissen und es hat ihn selbst ziemlich zerrissen. Vor allem die linke Seite und den linken Arm hat es arg erwischt. Während der Wochen im Krankenhaus und der erzwungenen Ruhe hat er plötzlich begonnen, wieder Musik zu hören. Auf ganz neue Weise, die ihn innerlich bereichert hat.

Ein anderer Freund beschäftigt sich seit Jahren mit der Geschichte von guten Ideen und Innovationen, die ursprünglich aus gescheiterten Projekten hervorgegangen sind. Er nennt das die »Brilliant Failures« und hat dazu in den Niederlanden ein Institut gegründet, das Menschen und Organisationen international ermuntert, weiterzumachen, wenn sie einmal oder zweimal gescheitert sind. Es heißt Paul Iske. Ich werde später in einem anderen Kontext noch einmal von ihm erzählen.

»Danke für eine unglaubliche Zeit«, schrieb Felix Neureuther nach langen Verletzungen zum Abschied auf seinem Account. »Für all die Daumen, die ihr mir gedrückt habt, die Freude, Tränen und das Lachen, das ihr mit mir in all den Jahren geteilt habt!« Und weiter: »Ich habe meinen Kindheitstraum in vollen Zügen leben dürfen und dafür bin ich so unendlich dankbar. Aber mein Herz und vor allem mein Körper haben mir in den letzten Monaten deutlich zu verstehen gegeben, dass es an der Zeit ist, dieses für mich so wunderschöne Kapitel ›Skirennsport‹ zu beenden.«

## Chinesische Parabel

Ein alter Mann mit Namen Chunglang, das heißt »Meister Felsen«, besaß ein kleines Gut in den Bergen. Eines Tages begab es sich, dass er eins von seinen Pferden verlor. Da kamen die Nachbarn, um ihm zu diesem Unglück ihr Beileid zu bezeigen. Der Alte aber fragte: »Woher wollt ihr wissen, dass das ein Unglück ist?« Und siehe da: einige Tage darauf kam das Pferd wieder und brachte ein ganzes Rudel Wildpferde mit. Wiederum erschienen die Nachbarn und wollten ihm zu diesem Glücksfall ihre Glückwünsche bringen.

Der Alte vom Berge aber versetzte: »Woher wollt ihr wissen, dass es ein Glücksfall ist?«

Seit nun so viele Pferde zur Verfügung standen, begann der Sohn des Alten eine Neigung zum Reiten zu fassen, und eines Tages brach er das Bein. Da kamen sie wieder, die Nachbarn, um ihr Beileid zum Ausdruck zu bringen. Und abermals sprach der Alte zu ihnen: »Woher wollt ihr wissen, dass dies ein Unglücksfall ist?«

Im Jahr darauf erschien die Kommission der »Langen Latten« in den Bergen, um kräftige Männer für den Stiefeldienst des Kaisers und als Sänftenträger zu holen. Den Sohn des Alten, der noch immer seinen Beinschaden hatte, nahmen sie nicht.

Chunglang musste lächeln.

(Hermann Hesse)

## Nichtwissen als Ressource

Nein, wir müssen uns nicht schämen, wenn wir nicht alles wissen. Ganz im Gegenteil. Wir brauchen die Anerkennung des Nichtwissens, damit wir uns nicht eines Tages für unsere Starrheit schämen müssen. Ich erinnere mich an die folgende Geschichte von Umberto Eco. Umberto Eco, der eine wirklich riesige Bibliothek hatte, wurde oft gefragt: Haben Sie diese Bücher alle gelesen? Seine Antwort war: Nein. Natürlich nicht. Und dann fügte er hinzu: Die wichtigsten Bücher einer Bibliothek sind die nicht gelesenen.

Nichtwissen ist eine Ressource. Alle Entdeckerinnen und kreativen Erneuerer wussten das. Und diese Ressource ist ein Unterscheidungsmerkmal zwischen uns Menschen und den schlauen Maschinen, die uns künftig immer mehr abnehmen werden. Denn nur aus dem Nichtwissen heraus entsteht das schöpferisch Neue. Manchmal das gute, nachhaltig Neue. Manchmal auch das Neue, dessen Risiken wir noch gar nicht abschätzen können.

Der kalifornische Forscher Chris Gerdes, der das Center for Automotive Research an der Stanford University leitet, sagt, ein Restrisiko ließe sich bei autonom fahrenden Autos nicht exakt berechnen: »Wir wissen ja nicht, was wir nicht wissen.«

## Komplexität oder: die Ungewissheit umarmen

Wir sollten »die Ungewissheit umarmen«, sagt die Soziologin Helga Nowotny. Denn wir leben in ungewissen Zeiten. Sie geht nicht mehr weg. Warum ist das so? Dazu Helga Nowotny:

»Der wichtigste Grund ist die stark gewachsene Komplexität. Die Dinge sind viel mehr miteinander verwoben als früher. Nehmen Sie das Finanzsystem. Milliarden werden da in Sekunden über den Globus hin- und hergeschoben, und plötzlich bringt eine Immobilienkrise in den USA die Weltwirtschaft dem Kollaps nahe. Oder die sogenannte Flüchtlingskrise: Ein Bürgerkrieg in Syrien produziert Millionen Flüchtlinge, die bald in deutschen Turnhallen sitzen – und am Ende droht die europäische Union auseinanderzufliegen. So ändert sich plötzlich vieles, was wir für selbstverständlich gehalten haben.«

## Sommer 2018: ein Ausnahmesommer?

Erinnern Sie sich noch an den Sommer 2018? Was ist da eigentlich passiert? Es war sehr heiß und es war sehr trocken. Aber mehr noch: Die Monate Juli und August 2018 haben unsere Grundannahmen vom Verlauf eines normalen Sommers gebrochen – Annahmen, auf denen die meisten Landwirte ihr Geschäftsmodell aufgebaut haben. Das, was sie für die Regel gehalten haben, verwandelte sich in das, was sie (und wir) für eine Ausnahme hielten. Das spiegelt sich in der Rede vom Ausnahmesommer oder Jahrhundertsommer. Was aber, wenn diese Ausnahme künftig zur Regel werden sollte? Was dann? Wie gehen wir damit um? Wie können wir jetzt für die kommenden »Ausnahmen« Regeln schaffen? Sich darauf einzustellen, ist Disruptive Thinking.

### Eine kleine Warnung

Seien Sie vorsichtig, wenn Sie Regeln folgen. Und seien Sie auf der Hut, wenn Sie Tools nutzen (auch meine eigenen). Denn Tools, selbst diejenigen, die Ihnen helfen sollen, Ihre Kreativität zu entwickeln oder innovative Strategien zu erarbeiten, basieren auf dem Regelwissen anderer, die vor Ihnen waren. Das ist die Paradoxie, derer Sie sich bewusst sein sollten. Mit jedem Tool, das Sie nutzen, und sei es noch so cool und »ultimativ« – und natürlich für »Querdenker« gemacht –, folgen Sie den Bahnen anderer.

Nutzen Sie deshalb vor allem solche Instrumente, die Ihnen Raum geben zur Entfaltung Ihrer eigenen Gedanken. Oder die Sie dabei unterstützen, Widerspruch zu üben. Denken Sie nicht nur outside the box, sondern ohne Box. Öffnen Sie in sich den Raum für das Nichtwissen.

## Werden Sie zum Schatzsucher, zur Entdeckerin

Noch einmal zu Umberto Eco und seiner Bibliothek. Eco hat nicht gesagt: Ich brauche die gelesenen Bücher nicht. Nein. Sie waren ihm sehr wichtig. Er ist durch die ganze Welt gereist, zu den entlegensten Orten, in denen Buchhändler und Sammler ihre kostbaren Werke wie Schätze aufbewahrt haben. Er war ein Entdecker und Schatzsucher des Wissens. Und gerade weil er den Wert des Wissens so schätzte, hatte er eine Ahnung, wie viel Wertvolles, wie viele noch nicht gehobenen Schätze in dem nicht Gelesenen stecken.

Eine Antriebskraft für Schatzsucher und Entdecker ist die Leidenschaft, zu fragen, weiter und tiefer zu fragen und dabei auch die eigenen Grundannahmen infrage zu stellen. Der Physiker und Nobelpreisträger Isidor Isaac Rabi erzählte einmal, seine Mutter habe ihn nach der Schule nie gefragt: »Hast du eine gute Note bekommen?«, sondern: »Hast du eine gute Frage gestellt?«

## Zeit für Spürsinn

Die bereits erforschten Gegenden unseres Wissens sind gewaltig. Und sie wachsen jeden Tag weiter. Aber im Vergleich dazu sind die Kontinente und Ozeane unseres Nichtwissens um ein Vielfaches größer und tiefer.

Das sind die Erdteile, die darauf warten, entdeckt zu werden, ohne dass wir hoffen könnten, sie je vollständig zu entdecken. Mithilfe unseres kreativen Vermögens, mittels technologischer Innovationen und sozialer Innovationen sowie mittels Kombinationen von technologischen und sozialen Innovationen.

Einige wenige dieser Innovationen werden bahnbrechend, wirklich disruptiv sein. Verschwindend wenige. Irgendwo auf der Welt arbeiten vermutlich einige daran – ohne es zu wissen. Vielleicht haben sie eine Ahnung davon, dass da etwas Fantastisches entstehen könnte. Sie können antizipieren. Aber sie haben keine Ahnung, was später daraus wirklich entstehen wird. Das ist die Geschichte von Serendipity.

## Serendipity

Serendipity – also eine Art Glücksfall oder Zufallstreffer – ist der Post-it-Zettel, Serendipity ist das Tesaband. Serendipity ist Viagra. Serendipity ist die Entdeckung Amerikas und die Entdeckung des Penizillins. Stets war es ganz anders geplant, es war etwas ganz anderes gewollt und es kam dann ganz anders. Aber nur weil diejenigen, die daran arbeiteten, innerlich dazu bereit waren, offen waren für das andere, das noch nicht Gewusste, konnte es eintreten.

Das schaut im Rückblick ein wenig harmlos aus. Aber war es das?

Und wie könnte so etwas morgen aussehen?

Autonomes Fahren, künstliche Intelligenz, das Internet der Dinge, personalisierte Medizin. Hunderttausende Forscher, Entwickler, Entrepreneure arbeiten weltweit an diesen Themen. Aber was davon wird wie und in welcher Form realisiert?

Vermutlich werden die Dinge und Systeme eines Tages ganz anders sein, als wir es uns jetzt ausmalen können. Ein Beispiel: Niemand weiß, ob das autonome Fahren auf Level 5 so kommt, wie momentan die Szenarien und Prototypen aussehen, die in Las Vegas und anderswo vorgestellt werden. Niemand weiß, welche Firmenallianzen sich behaupten werden, wenn autonomes Fahren und Elektromobilität kombiniert werden. Und wie die sozialen Folgen aussehen.

Oder: Wie sieht die nächste Stufe des World Wide Web aus: Wird sich Tim Berners-Lee, einer der beiden Erfinder des alten WWW, mit seiner Idee der Dezentralisierung und eines radikalen Neuanfangs (und seiner Firma »Inrupt«) durchsetzen? Er hofft darauf, dass Start-ups die Datenmacht der Tech-Giganten brechen können, bevor der Staat dies macht: »Before breaking them up, we should see whether they are not just disrupted by a small player beating them out of the market.« Aber wenn irgendetwas davon eintreten sollte: Wie verwandelt wäre dann die Welt der digitalen und sozialen Netze?

Oder was passiert mit dem Thema Blockchain: Wird diese »trustless« Technology dafür sorgen, dass wir eine völlig andere Welt von Transaktionen und Institutionen erleben werden?

Oder: Wann werden Virtual-Reality-Spiele direkt an unsere Nerven gekoppelt sein und wie verändern sich dann Gefühlsmuster und soziale Interaktionen?

Oder vielleicht werden alle diese Projekte von ganz anderen Entwicklungen überholt? Vom nächsten Black Monday? Oder von einer »Friday for Future«-Bewegung, die alles in den Schatten stellt, was wir bisher mit einer primär technologischen Sichtweise erdacht haben? Wir wissen es nicht.

Zurück zum Thema Serendipity. Serendipity ist eine besondere Spielart der Kombination von Wissen und Nichtwissen. Serendipity ist der nichtzufällige Zufall. Das Gefundene, nach dem nicht gesucht wurde. Das Ergebnis von beharrlichem Streben, ohne dass dieses Ergebnis vorher intendiert oder vorhergesehen war. Es ähnelt ein wenig dem chinesischen Wuwei, dem absichtslosen Handeln. Und es ähnelt unserem Sprichwort vom Glück des Tüchtigen. Es hält die Mitte zwischen beidem.

»Nur den vorbereiteten Geist begünstigt der Zufall«, wie der französische Chemiker und Mikrobiologe Louis Pasteur einmal gesagt haben soll (der diesen Gedanken wiederum vom französischen Mathematiker Blaise Pascal übernommen hat).

### Die Geschichte von Serendipity

Die Geschichte des Begriffs »Serendipity« ist selbst eine Geschichte von denkwürdigen, nichtzufälligen Zufällen. Eine weltumspannende zumal. Sie nimmt ihren Ausgang im fernen Ceylon, das arabische Händler Serendip nannten, wird entfaltet in einem persischen Märchen von den drei Prinzen von Serendip, die ihre Prüfung bestehen, indem sie scharfsinnig Unerwartetes entdecken, und kommt über den britischen Autor Horace Walpole und den amerikanischen Soziologen Robert K. Merton mit verschiedenen Bedeutungsumwandlungen allmählich in unseren Sprachkreis. Man kann diese wunderbare, komplexe Begriffsreise in einem schönen Essay des Dichters Raoul Schrott nachlesen – und dabei viel Disruptives über unsere eigene Geschichte erfahren.

Spürsinn

Nichtwissen SERENDIPITY Scharfsinn

Finden

## Können wir Serendipity lernen?

Ja und nein. Nein, denn es braucht eine innere Bereitschaft und einen Sinn dafür, einen Spürsinn und Scharfsinn, den man nicht erzwingen kann. »Ich suche nicht, ich finde«, hat Picasso einmal gesagt. Ja, weil dieser Sinn natürlich zu einem Großteil auf Erfahrung, auf Übung, auf Training beruht. Dazu brauchen wir Räume, Kontexte und Gelegenheiten. Diese können wir schaffen.

## Können wir das »Finden« lernen?

Ja, wenn wir Paradoxien nicht scheuen. Wenn wir zielstrebig das eigene Konzept verfolgen und bereit sind, uns aus dem Konzept bringen zu lassen. Wenn wir beim Verfolgen unseres Weges innerlich frei werden, zu schauen, was Interessantes links und rechts auftauchen könnte.

Wenn wir bei aller Konzentration auf das eigene Ziel immer wieder versuchen, Anregungen von ganz anderen Disziplinen zu bekommen. Wenn wir kooperieren, cross-over agieren und uns »cross-industry« inspirieren lassen.

## Können wir Disruption lernen?

Bis zu einem gewissen Grade ja, wenn wir bereit sind, uns irritieren zu lassen. Wenn wir es täglich einüben, unsere Grundannahmen infrage zu stellen und einfach mal für einen Moment das Gegenteil anzunehmen. Wenn wir den Mut haben, radikal andere Lösungen zu verfolgen, mit denen wir vielleicht heute anecken, die aber morgen den Nerv der Zeit treffen und vitale Bedürfnisse erfüllen. Und wenn wir den langen Atem haben, diese langfristig mit heiterer Gelassenheit zu verfolgen. Gemeinsam mit anderen, die möglicherweise mehr können als wir.

## Das Glück und die Achtsamkeit

Natürlich brauchen wir auch Glück. Glück ist jedoch nicht nur das, was einem manchmal widerfährt. Es ist auch eine innere »unbewusst richtige Einstellung, die Glückszustände ermöglicht«, wie Friedrich Christian Delius es in der Erzählung *Albert Ayler oder Die Zukunft der Schönheit* einmal formuliert hat. Etwas von dieser Einstellung brauchen wir in der kommenden Zeit. Wenn wir wollen, dass eine unserer innovativen Ideen irgendwann einen Durchbruch erzielt. Auch wenn wir nicht wollen, dass andere mit ihren Innovationen uns ins Straucheln bringen.

Eigentlich geht es um eine bestimmte Art von Achtsamkeit. Um das frühzeitige, antizipierende Spüren von Entwicklungen, die uns geneigt sein könnten, und – vielleicht noch wichtiger – von gegenteiligen Entwicklungen, die uns in die Quere kommen könnten. Das heißt: wieder das Gras wachsen hören. Hinhören, wie etwas kaum merklich entsteht. Den stillen Wandel spüren, bevor er disruptiv wird. Einwirken auf das, was noch nicht groß und verhärtet ist. Die Mittel dazu sind vielfältig. Wie wir gleich sehen werden.

## Was uns daran hindert

Sicher, keiner kann aus seiner Haut. Das ist das, was David Foster Wallace in seiner Rede vor den Absolventen des Kenyon College »unsere Standardeinstellung« nannte. Zu ihr gehört, so Wallace, »die Ichbezogenheit, derentwegen wir alles durch die Linse des Selbst sehen«, die dazu führt, dass jeder glaubt, er »sei der Mittelpunkt der Welt« und die eigenen »Bedürfnisse und Gefühle sollten in der Welt Priorität haben«.

Wir werden oft von Standardeinstellungen regiert. Von Automatismen. In unserem Verhalten, unseren Emotionen und Reaktionen auf andere. Im Supermarkt an der Schlange, an der Ampel, auf der Autobahn etc. Dann werden wir leicht unleidlich, unfreundlich, unachtsam. Wir haben nur noch Zeit für unsere Fokusthemen, der Rest stört uns oder rauscht an uns vorbei.

## Automatismen unterbrechen

Disruptive Thinking ist die Unterbrechung, das Stoppsignal, die Ermöglichung, aus diesen Automatismen von Zeit zu Zeit auszubrechen und innezuhalten. Es gibt uns die Entscheidungsfreiheit, das Gegenteil unserer Standardeinstellungen für einen Augenblick für möglich zu halten und diese Möglichkeit genauer anzuschauen.

Es ist eine spielerische Aufforderung zum Widerspruch und zur Konfusion: Bring deine Gedanken einmal in Bewegung und erlaube ihnen, sich zu drehen. »Until you are willing to be confused about what you already know, what you know will never grow bigger, better, or more useful«, so Milton H. Erickson.

In diesem Sinne: Schauen wir mal und fangen wir an!

## *Nichtwissen*

Nehmen Sie die Ungewissheit an.
Machen Sie das Nichtwissen zu Ihrem Verbündeten.
Nutzen Sie das Unbekannte als Ressource.

## *Fragen*

Trainieren Sie sich, gute Fragen zu stellen.
Insbesondere solche, auf die Sie noch keine Antwort haben – und alle, die Sie fragen, auch nicht.

## *Scheitern*

Üben Sie mit heiterer Gelassenheit Achtsamkeit und Geduld.
Suchen Sie Räume auf, wo Sie scheitern dürfen (und müssen), um Neues zu lernen.

## *Widersprechen*

Trauen Sie sich zu widersprechen – anderen und vor allem sich selbst.
Nehmen Sie spielerisch die Gegenposition ein, und beobachten Sie, was passiert.

## *Wagen*

Wagen Sie sich in Neuland vor, probieren Sie Dinge aus, die Sie nicht können, fangen Sie einfach an.
Seien Sie selbst-disruptiv!

# Wie?

Methoden, Tools, Denkbilder

## Basecamp – wie können Sie das nutzen?

»Basislager« heißt, sich vorzubereiten auf die kommende Tour, sich zu akklimatisieren, die zu erwartenden Schwierigkeiten und Höhepunkte gedanklich durchzuspielen, die Ausrüstung ein letztes Mal zu überprüfen und noch einmal durchzuatmen vor dem Aufstieg.

Das ist natürlich eine Metapher. Man kann jedoch tatsächlich mit einem Team ein paar Tage in ein Basislager gehen. Zum Beispiel in ein Domizil in den Bergen. Wir haben das einmal zum Auftakt eines mehrteiligen Leadership-Programms gemacht. Auf diese Weise haben wir von Anfang an einen Kontext geschaffen, in dem Themen wie Ungewissheit, Umgang mit Komplexität und Verlässlichkeit unter schwierigen Bedingungen für alle Teilnehmerinnen und Teilnehmer plastisch vorstellbar wurden.

Das ist aber nur eine von vielen verschiedenen Möglichkeiten. Als erste Anregung für Sie. Sie werden selbst Ihren eigenen Anfang machen.

## Einsatzmöglichkeiten

Die hier vorgestellten mentalen Übungen, Methoden und Tools können Sie zum Beispiel so nutzen:

- Tatsächlich im Rahmen eines Basecamps zum Start eines mehrstufigen Leadership-Programms
- Als Auftakt (Tag 1) eines Disruptive-Thinking-Workshops
- Als Aufbaukurs für ausgebildete Innovatoren, Design Thinker oder Veränderungsmanager
- Als Teil eines strategischen Timeouts für Führungsteams
- Als Elemente eines Workshops zu strategisch wichtigen Themen wie Führung im Wandel, Scheitern oder Selbstorganisation
- Aufgeteilt in kleinere Einheiten während der normalen Arbeitszeit, etwa zu Beginn oder am Ende des Arbeitstages als After-Work-Session, zum Beispiel integriert in die Projektarbeit

## Bauen Sie Ihr eigenes Basecamp – Ideenskizze

Nutzen Sie dazu zunächst ein leeres Blatt. Vielleicht entwickeln Sie Ihre Ideen in Form eines Mindmaps? Oder in einer anderen Form? Ganz wie Sie wollen.

Dann können Sie Ihre Ideen in ein Board übertragen. Ein Pinboard. Oder ein Dashboard, das Sie selbst für Ihre eigenen Ziele entwickeln. Ein paar Elemente, die dafür wichtig sein können, finden Sie als Anregungen rechts in der Liste vorgezeichnet. (Am besten erstellen Sie diese Basecamp-Liste erst ganz zum Schluss, wenn Sie die noch folgenden Vorschläge angeschaut haben.)

## Disruptive Thinking Corner

Vielleicht richten Sie auch einen Raum oder eine Ecke in einem Ihrer normalen Projekträume ein – den Disruptive Thinking Room oder die Disruptive Thinking Corner? (Bitte keinen »War Room«!) In diesem Raum können Sie das eben genannte Board platzieren. Außerdem wichtige »Findings« Ihrer Arbeit sowie Zitate, Bilder, Fotos, vielleicht eine Karte Ihrer »Disruptive Thinking Journey« …

## To-think-Liste (Basecamp)

**1. Themen / Ziele**

Was wollen wir oder das Team besser verstehen, lernen, einüben?

..........

..........

Worauf wollen wir uns mental besonders einstellen (beispielsweise Umgang mit Ungewissheit, Scheitern, gute Fragen)?

..........

..........

**2. Hilfsmittel**

Welche Übungen, Methoden, Tools wollen wir vor allem nutzen (haben wir genutzt)?

..........

..........

**3. Rahmen**

Wo und in welchem Kontext wollen wir das einsetzen (haben wir das eingesetzt)?

..........

..........

**4. Wer sind die Teilnehmer?**

..........

..........

**5. Wann soll das Basecamp stattfinden?**

..........

..........

**6. Unsere Erfahrungen**

..........

..........

**7. Weiterführende Ideen**

..........

..........

**8. Folgemaßnahmen**

Wie wollen wir das vertiefen bzw. weiterverfolgen?

..........

..........

## Nichtwissen als Ressource

Der professionelle Dialog ist eine einfache und sehr wirksame Möglichkeit, auf neue Gedanken zu kommen und gemeinsam Probleme zu lösen. Insbesondere wenn er in der Form des DiaLabs durchgeführt wird, die ich im vierten Kapitel vorstellen werde. Hier möchte ich eine Übung herausgreifen, die besonders machtvoll ist.

Zu einem professionellen Dialog gehört die Fähigkeit, so mit Fragen zu arbeiten, dass diejenigen, die bislang keine Lösung für ein Problem gefunden haben, selbst auf eine Lösung kommen.

Es gehört zu den besonderen Momenten in diesem Prozess, wenn plötzlich eine Frage auftaucht, auf die keiner der Beteiligten eine Antwort weiß. Diese Momente des Nichtwissens führen oft dazu, dass es ganz still wird. Es wird nicht mehr geredet, sondern gemeinsam nachgedacht. Das kann einige Sekunden dauern. Und jeder empfindet diese Sekunden als sehr wertvoll. Denn plötzlich tun sich neue Wege auf, die vorher nicht erkennbar waren. Man spürt förmlich, wie der Lösungsraum größer wird. Das Nichtwissen wird zur Ressource.

Die nebenstehende Abbildung – eine Vier-Felder-Matrix – macht dies deutlich: ein Tool, das förmlich die Augen öffnet.

## Den Lösungsraum öffnen

Versuchen Sie einmal darauf zu achten, wie Sie mit Kollegen im Team, unter vier oder sechs Augen, den Lösungsraum erweitern können:

- Beginnen Sie mit Fragen, die dem *Beziehungsaufbau* dienen oder (im positiven Sinn) rhetorischer Natur sind. (Vergewissern Sie sich zum Beispiel, ob die anderen einen guten Flug oder eine gute Fahrt hatten oder gut hergefunden haben.)
- Stellen Sie zunächst *informative* Fragen. (Das sind Fragen, deren Antwort Sie nicht kennen, aber der andere oder die anderen.)
- *Vermeiden* Sie *Suggestiv*fragen. (Das sind Fragen, mit denen Sie die anderen zwingen, die Antwort zu geben, die Sie gerne hätten, also Fragen, die im Ton eines Staatsanwaltes gestellt werden: »Sie waren doch aber zu diesem Zeitpunkt an diesem oder jenem Ort …«)
- Versuchen Sie nach einer Weile, *systemische* Fragen zu stellen. Hier geht es um Fragen, deren Antwort Sie nicht kennen – und die anderen in der Runde vermutlich auch nicht. Zeigen Sie, dass Sie wirklich daran interessiert sind, gemeinsam etwas zu finden, das Sie alle noch nicht kennen. Üben Sie sich darin, solche Fragen zu stellen.

Ein Tipp: Hängen Sie diese Zeichnung in das Sitzungszimmer bzw. Besprechungs- oder Projektarbeitsräume.

## Systemische Fragen: den Lösungsraum öffnen

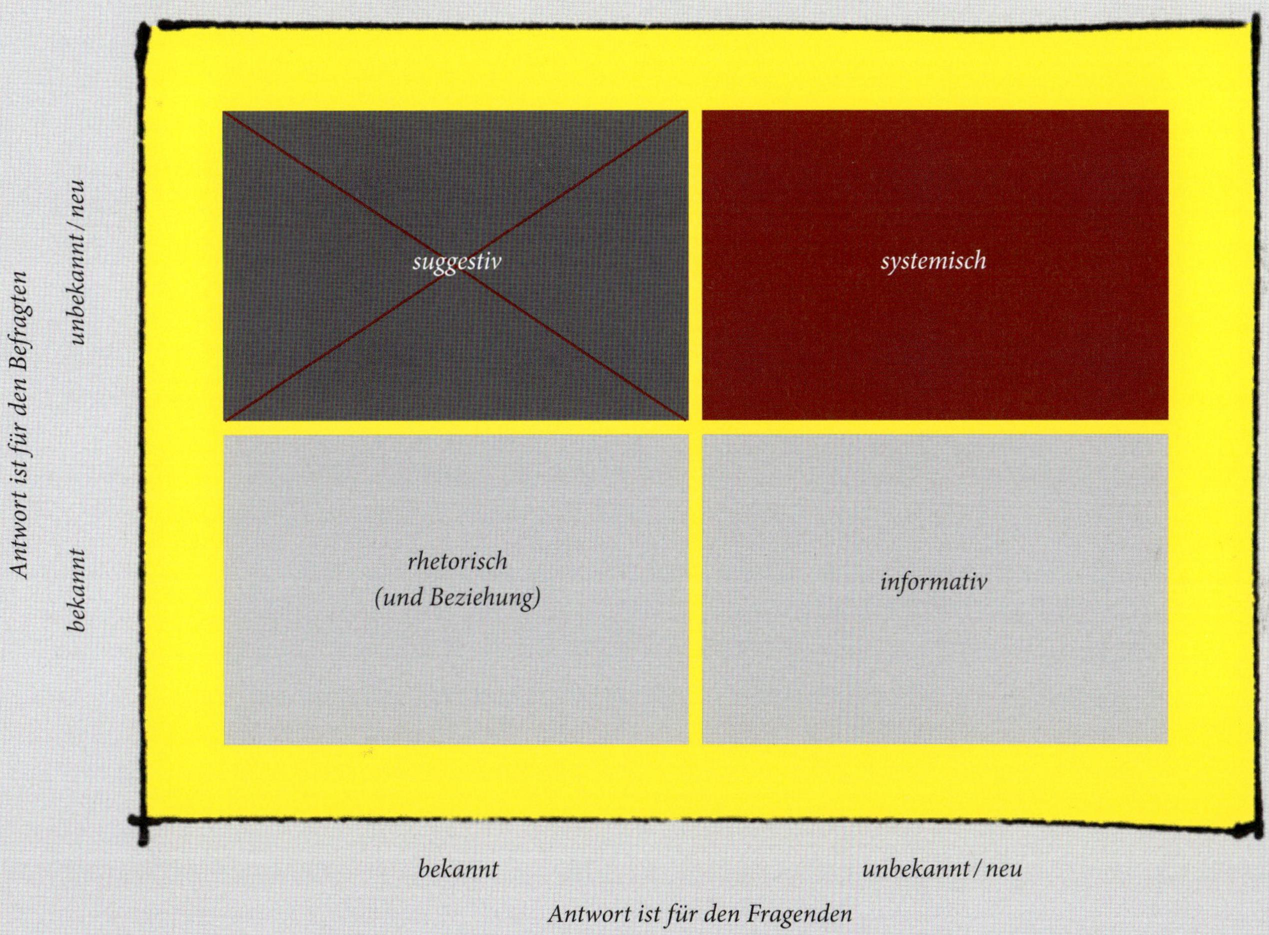

## Das Überraschungsspiel: Hätten Sie's gewusst?

Digitale Geräte, die KI-gestützt arbeiten, sind uns in vollständig regelbasierten Spielen mit eindeutig definierten Spielfeldern, Spielfiguren und Spielzügen überlegen. Es ist kein Zufall, dass der Mensch in den Brettspielen Schach und Go besiegt wurde. Smarte Maschinen können in diesen Spielen viel besser trainiert werden.

Umso wichtiger ist es, dass wir Spiele trainieren, deren Elemente nicht eindeutig definiert sind und deren Verläufe nicht vorher exakt berechnet werden können. Mit einer Offenheit für Überraschungen. Nennen wir sie offene Spiele für eine offene Gesellschaft. In denen etwas passiert, was vorher noch nicht gedacht oder gemacht wurde.

### Der schwarze Schwan

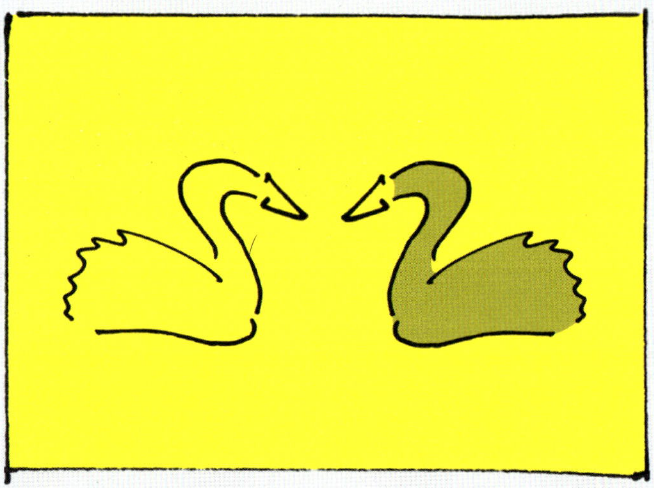

*Der schwarze Schwan steht für Entwicklungen und Ereignisse, die kaum jemand auf der Rechnung hatte, die aber prägend wirken.*
Nach Nassim N. Taleb

## Weißer Schwan oder schwarzer Schwan?

Um sich an solche offenen Spiele zu gewöhnen, fangen wir mit einem an, das man in kleiner Runde als Auflockerung spielen kann. Es ist ein Rückblick auf Ereignisse und innovative Entwicklungen, die schon stattgefunden haben. In diesem Fall sind also die Antworten bekannt. Der Reiz besteht darin, zu prüfen, ob man mit der eigenen Antwort richtig liegt:

- Waren die Ereignisse vorher von den meisten Experten vorhergesehen worden?
- Oder waren sie nicht vorhergesehen worden und kamen überraschend?

Für die Letzteren hat der Mathematiker und Forscher Nassim N. Taleb die Bezeichnung »Schwarzer Schwan« vorgeschlagen. Es sind Ereignisse, die zuvor niemand (oder kaum jemand) auf der Rechnung hatte, die aber später Märkte, Wirtschaft, Politik und Gesellschaft wesentlich geprägt haben.

Das Überraschende ist dabei das Entscheidende. Manchmal sind wir sogar im Rückblick noch überrascht. Wir können es uns nicht vorstellen. Doch genau das ist die Lernaufgabe: Sich mental auf Überraschungen einzustellen heißt, sich Überraschungen tatsächlich vorzustellen. Man könnte dies auch »antizipierende Innovation« nennen.

## Die Aufgabe

Finden Sie heraus: Handelt es sich bei den folgenden Begriffen um Ereignisse / Innovationen, die vorher von den meisten Experten *nicht* vorhergesehen waren – jedenfalls nicht in der Form, in der sie auftraten (schwarzer Schwan)? Oder um Ereignisse / Innovationen, die im Vorfeld von den Experten erwartet worden waren (weißer Schwan)?

Tragen Sie bitte die folgenden Begriffe in eine der beiden Spalten ein: Personal Computer, iPhone, iPad, Napoleon, russische Revolution, Zerfall der Sowjetunion, Finanzkrise 2008, Internet, Entdeckung der Relativitätstheorie, Entdeckung Amerikas, Supersommer 2018, Laser, Penizillin. Bitte ergänzen Sie die Tabelle dann mit selbst gewählten Ereignissen und Innovationen.

Zum Schluss zählen Sie bitte einmal, wie viele der Begriffe sich in der linken und wie viele in der rechten Spalte wiederfinden.

## Der blinde Fleck (den wir nicht sehen)

Jedes Kind weiß: Wir haben alle einen blinden Fleck.

Das haben wir Hunderte Male gehört und in unserem Leben selbst immer wieder als Bild benutzt: Der oder die hat da einen blinden Fleck. Das meint: ein Defizit. Dieses ist ihm, ihr und uns bekannt. Wir haben ja auch selbst unsere Schwächen, die wir manchmal ein wenig kokettierend als blinden Fleck bezeichnen.

Darüber zu sprechen ist also nichts Ungewöhnliches und meist ziemlich harmlos. Tatsächlich aber ist die Sache mit dem blinden Fleck viel spektakulärer. Der Clou dabei: Wir sehen nicht, dass wir ihn nicht sehen.

Als blinder Fleck wird – so die biologische Erklärung – eine Stelle an der Netzhaut des menschlichen Auges bezeichnet, wo sich die Nervenfasern zum Sehnerv bündeln und wo sich keine Lichtrezeptoren befinden. An dieser Stelle ist das Auge blind. Es nimmt etwas nicht wahr. Aber das Gehirn ergänzt das Nichtwahrgenommene. Deshalb bemerken wir die partielle Blindheit unseres Sehorgans nicht. Also erkennen wir auch kein Defizit.

Diese Geschichte hat der von mir so geschätzte Heinz von Foerster, Physiker und Mitbegründer der systemisch-kybernetischen Denkweise, immer wieder erzählt. Und er hat dazu eine ganz simple Zeichnung auf ein Blatt Papier gemalt. Genauso wie die Zeichnung, die Sie auf der gegenüberliegenden Seite sehen.

Unser Gehirn – unser eigenes wie unser »Gruppenhirn« – hat immer einen blinden Fleck. Ungewöhnliche Entwicklungen, zumal kleine, die wir noch nicht einordnen können, die aber das Zeug dazu haben, groß zu werden und disruptiv zu wirken, werden häufig nicht wahrgenommen. Manche sagen: Disruptionen kommen »aus dem toten Winkel«. Das meint das gleiche Phänomen.

Was tun?

- Fördern Sie den multiperspektivischen Blick – durch multidisziplinäre Teams wie etwa in einem Design-Thinking-Team.
- Laden Sie immer wieder Beobachter ein, die von einer ganz anderen Warte aus ganz anders auf die Dinge schauen.
- Und probieren Sie das mit dem blinden Fleck gleich einmal selbst aus.

## Blinder Fleck

Halten Sie das Buch mit der rechten Hand, schließen Sie das linke Auge und fixieren Sie mit dem rechten Auge den Stern. Bewegen Sie das Buch langsam entlang der Sehachse vor und zurück, bis der Abstand erreicht ist, bei dem der schwarze Punkt verschwindet.

Anschlussübung: Überlegen Sie einmal, wie viele Entwicklungen der letzten zehn oder fünfzehn Jahre – die klein angefangen haben und vor Ihren Augen immer größer geworden sind – Sie nicht oder erst spät registriert haben. Und denken Sie einen Augenblick darüber nach, welche (unternehmerischen und anderen) Gelegenheiten Ihnen dadurch entgangen sind, dass Sie keinen Augenblick Zeit für das Ihnen Fremde hatten.

## Achtsamkeit und Präsenz

Achtsam sein heißt, ganz wach, ganz ruhig und dabei ganz aufmerksam und präsent zu sein.

Diese Fähigkeit, sich ganz auf den Augenblick und das vor einem Liegende zu konzentrieren und sich nicht ablenken zu lassen (auch nicht durch die eigenen Emotionen und Wertungen), ist eine der Aufgaben der mentalen Vorbereitung auf die vor uns liegenden Etappen des Weges in die Zukunft.

Präsent sein heißt, so der Mentalcoach Herbert Schreib in seiner »Wildwasser-Strategie«, vier Automatismen zu vermeiden:

- Im Autopilot-Modus zu fahren, weil man die Dinge schon hundertmal gemacht hat
- Unaufmerksam zu sein, weil man so routiniert ist
- Woanders zu sein, weil der Wille einen dahin drängt
- Impulsiv zu reagieren, weil die Emotionen in dem Augenblick so stark sind

Schreib bringt dafür viele Beispiele aus dem Spitzensport: vom Ausnahmeskifahrer Marcel Hirscher bis zu Athleten der österreichischen Biathlonteams.

## Mind Full oder Mindful?

Kann man im normalen Alltag von Nicht-Hochleistungssportlern so etwas auch anwenden und trainieren? Man kann – wir können es. Man muss dazu nicht in die USA fahren und beispielsweise das Headquarter von Google besuchen, das Googleplex in Moutain View, in dem Meditation Rooms und »Search Inside Yourself«-Trainings zum festen Bestandteil des Alltags gehören. Das ist ja nicht nach jedermanns Geschmack. Man kann das Thema Achtsamkeit auch nüchterner und europäischer angehen.

Der Bergweg eignet sich hier gleichfalls – nicht nur als Metapher, sondern auch als eine zu gehende Strecke in der Natur. Es kann ebenso ein anderer Weg sein. Aber Ihr Blick sollte die Möglichkeit haben, sich zu öffnen und zu weiten.

### Wie geht das?

Nehmen Sie sich eine Stunde Zeit – am besten gleich morgens. Verabreden Sie sich mit ein paar Kollegen oder Freunden. Gehen Sie gemeinsam ein Stück des Weges. Ohne Smartphone oder Tablet. Tauschen Sie sich mit den anderen aus. Dann beenden Sie das Gespräch und werden für eine Weile still. Niemand spricht ein Wort.

In dieser Zeit beginnen Sie genauer zu beobachten, was Sie links und rechts des Weges sehen. Sie werden vermutlich Dinge sehen, die Sie noch nie gesehen haben, selbst wenn Sie diesen Weg schon einmal oder sogar öfter gegangen sind.

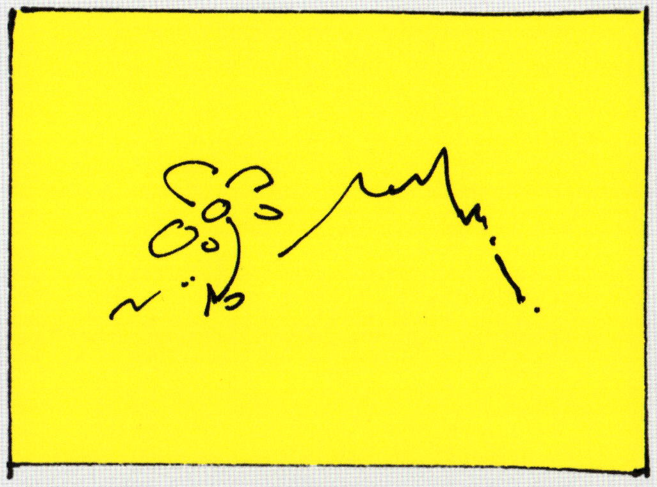

*Achtsamkeit: beobachten = wahrnehmen, was passiert*

Von der Beobachtung der Dinge wechseln Sie zur Beobachtung Ihrer Gedanken und Gefühle – also zur Beobachtung Ihrer Beobachtung. Was passiert da gerade? Was läuft so in meinem Gehirn ab? Kann ich das wahrnehmen, ohne es zu bewerten? Das Ganze dauert nicht mehr als zehn oder fünfzehn Minuten. Das reicht. Wenn Sie sich dann beim nächsten Mal mit Ihren Kollegen austauschen, werden alle die Erfahrung gemacht haben, mehr und anders gesehen zu haben als früher.

Vielleicht werden Sie auf die Idee kommen, so etwas einmal die Woche oder einmal im Monat zu wiederholen. Sie werden merken, dass sich diese neue Verabredung lohnt.

Es ist kein Zufall, dass ich für dieses Thema insbesondere durch zwei Kollegen inspiriert wurde, die beide aus dem Hochleistungssport kommen. Den einen habe ich eben erwähnt: Herbert Schreib, der einmal Vizeweltmeister im Rafting war. Der andere ist Rainer Petek, der als Bergführer und Extremkletterer viele Nordwände gemeistert hat und weiß, wie wichtig Achtsamkeit ist, wenn man in einem extrem herausfordernden Gelände unterwegs ist. Mit ihm zusammen habe ich diese Übung tatsächlich auch einmal in einem Basecamp in den Alpen durchgeführt. Gemeinsam mit einer internationalen Gruppe von Führungskräften.

## Chaos und Ordnung

Was hat Komplexität mit Kreativität zu tun? Ich glaube: sehr viel.

Da gibt es eine ganz einfache Zeichnung. Mit der Gegenüberstellung von Ordnung und Chaos. (Eine besondere Spielart von Wissen und Nichtwissen.) Sie führt uns zu einem tieferen Verständnis von Kreativität.

Und sie zeigt uns auf ihre Weise auch einen blinden Fleck.

Sie geht zurück auf eine Skizze von Joseph Beuys über den kreativen Prozess. Ursprünglich ein einfacher waagerechter Strich zwischen Chaos und Ordnung. Ein Pfeil. Mit der Botschaft: Wir müssen oft durch das Chaos hindurch, um einen neuen Ordnungszustand zu erreichen. Heute verstehen wir das mehr als einen iterativen Prozess. So wie in der Skizze, die Sie nebenstehend zu sehen bekommen. Sie können diese Skizze in Workshops, in Impulsbeiträgen, in Design Sprints und vielen anderen Kontexten einsetzen. Sie ist das, was man einen »Eye-Opener« nennt.

Ich nutze sie gern in Kreativ-Sessions mit Studenten an der HPI School of Design Thinking. Manchmal auch in Seminaren und Gesprächen mit Managern. Ich spüre dann oft eine persönliche Betroffenheit. Verbunden mit befreienden Emotionen und Diskussionen: »Das habe ich selbst schon so erlebt. Geht es dir auch so?« So beginnt manchmal disruptives Denken.

Im Netz kursieren auch andere Grafiken. Mit einer klaren Trennung von Ordnung, Komplexität und Chaos. Doch ich glaube, in unserem Inneren liegen diese Zustände sehr dicht beieinander – und gehen manchmal ziemlich durcheinander. Die Chaostheorie sieht es übrigens ganz ähnlich: Unsere Ordnungen sind »Inseln in einem Meer von Chaos«, hat der Mathematiker Heinz-Otto Peitgen einmal gesagt, einer der Vordenker der fraktalen Geometrie in Deutschland.

Das Bild hilft uns zu verstehen, dass kreative Prozesse – und die Entwicklung von Innovationen, erst recht von bahnbrechenden Innovationen – keine schmerzfreien, immer ordentlich planbaren Prozesse sind. Vielmehr oft das Gegenteil davon: If we don't get lost, we'll never find a new route.

**Chaos und Ordnung**

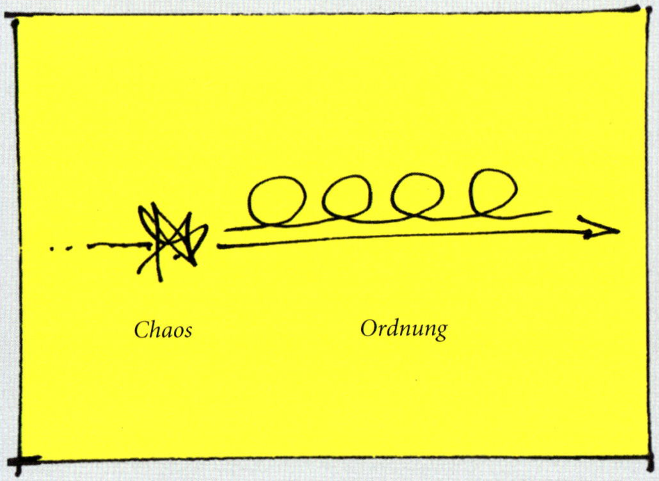


*Der innere kreative Prozess – manchmal muss man durch das Chaos hindurchgehen, um bahnbrechend Neues zu schaffen.*

*Frei nach Joseph Beuys*

## Gute Frage

Gute Fragen sind oft solche, auf die wir noch keine Antwort haben. Diese Umbruchzeit steckt voller solcher Fragen. Es ist unsere Aufgabe, sie zu stellen oder zu finden. Das ist Disruptive Thinking.

Ein kleiner Trick dabei: Um solche Fragen zu finden, ist es hilfreich, wenn Sie a) zunächst von dem ausgehen, was schon immer so gemacht wurde. Und wenn Sie dann b) versuchen, das Gegenteil zu denken: Was wäre, wenn wir es ganz anders machen würden? Was wäre, wenn es morgen plötzlich ganz anders wäre? Die letzte Figur ist in der systemischen Beratung als die »Wunderfrage« bekannt: Was wäre, wenn wie durch ein Wunder das Problem morgen auf einmal gelöst wäre?

In jedem Fall stoßen Sie auf diese Weise auf weniger bekanntes Terrain. Ob Sie dieses Neuland für Ihre Kunden oder für andere Zwecke fruchtbar machen können, steht auf einem anderen Blatt. Zunächst geht es darum, dass Sie Ihre gewohnten Gedankenbahnen verlassen und Ihre Wahlmöglichkeiten vergrößern. Dazu gibt es ein kleines Spiel.

## Das Spiel: die Eine-Million-Euro-Frage

Sie können dieses Spiel mit Kollegen oder im kleinen Kreis von Freunden spielen.

Der erste Teil der Aufgabe: Formuliere eine gute Frage, auf die es noch keine (jedenfalls keine Ihnen bekannte) befriedigende Antwort gibt.

Der zweite Teil der Aufgabe: Finde Leute, die sich gerne mit dieser Frage beschäftigen wollen. Stelle sie mit dem Hashtag #EineMillionEuroFrage in die sozialen Medien.

Oder schicke diese Frage an Personen bzw. Institutionen, die sich dafür interessieren müssten. (Mit etwas Glück findet sich ja vielleicht tatsächlich jemand, der bereit ist, in dieses Themengebiet zu investieren.)

Sie können dieses Spiel auch für Ihre Organisation abwandeln. Der erste Teil der Aufgabe bleibt: Formuliere eine gute Frage, auf die es bei uns noch keine befriedigende Antwort gibt. Der zweite Teil der Antwort könnte lauten: Wir stellen ein Team zusammen, das sich, begleitet von guten Coaches, mit dieser Frage beschäftigen wird. Sie können diese Frage auch »Challenge« nennen.

### Beispiele für Eine-Million-Euro-Fragen

- Wie kommt der Müll aus den Meeren? Und zwar auf schnellstem und effektivstem Weg?
- Wie bauen wir in kürzester Zeit in Deutschland ein belastbares Ökostromnetz und stellen eine flächendeckende Infrastruktur für das Laden von Elektrofahrzeugen sicher?
- Wie schaffen wir es, dass der öffentliche Sektor kühne innovative gesellschaftliche Ziele für seine Investitionstätigkeit entwickelt?
- Wie schaffen wir es, dass in Deutschland ausreichend Risikokapital für Start-ups zur Verfügung gestellt wird?
- Wie sorgen wir dafür, dass alle »wichtigen« Leute in unserer Organisation mehr Zeit haben für das Zuhören und gemeinsame Denken? Sagen wir: eine Stunde mehr pro Woche?

Was ist Ihre Frage?

## Der schwarze Strich – das Andere sehen

Widersprüche produktiv machen: Wie geht das? Geht das überhaupt?

Widerspruchsfreiheit ist doch ein sinnvolles Gebot. Oder? Etwa in der klassischen zweiwertigen Logik, in den Grundlagen der Informatik, in den Technikwissenschaften. Zudem schätzen wir es selten, wenn jemand uns widerspricht – oder sich widerspricht. Wir »ertappen« jemanden, der dies tut. Staatsanwälte und Verteidiger sind darin geschult, Widersprüche aufzudecken. So stellen sie die Glaubwürdigkeit der anderen Seite infrage.

Es scheint, als ob nur die eine oder die andere Seite recht haben kann.

Das führt dann im Alltag oft zu den bekannten, erbittert ausgetragenen Gefechten. Wie zum Beispiel im aktuellen Streit um das Auto. Jede Seite beharrt auf ihrer Position. Und so schaukeln sich die Debatten hoch …

Widersprüche produktiv machen heißt, zunächst einmal einen Schritt zurückzutreten. Die Dinge mit etwas Distanz zu betrachten. Wie häufig sind Positionen, die unverrückbar schienen, mit der Zeit aufgeweicht worden und haben irgendwann der Gegenposition weichen müssen! Denken Sie nur an das Zinsverbot der katholischen Kirche, das lange Zeit unverrückbar schien, bevor es allmählich von den innovativen »Banchieri« der florentinischen Renaissance ausgehebelt wurde.

Ich werde manchmal gefragt, wie man diese Fähigkeit, mit Widersprüchen produktiv umzugehen, trainieren kann. Ich antworte: Nehmen Sie ein leeres Blatt, nehmen Sie einen Stift und ziehen Sie in der Mitte einen Strich von oben nach unten. Einen senkrechten Strich. Ein schwarzer Strich ist am markantesten, aber andere Farben gehen auch. Jetzt können Sie beginnen.

### Der schwarze Strich

Der Strich markiert eine Grenze. Diesseits notieren wir als Erstes Dinge, die wir für »in«, für normal, regelkonform, akzeptiert, richtig halten. Jenseits all die Dinge, die dem widersprechen.

Schreiben Sie einfach spontan ein oder zwei Begriffspaare auf:

| IN | OUT |
|---|---|
| ............................................ | ............................................ |
| ............................................ | ............................................ |

Besonders spannend wird diese Gegenüberstellung, wenn wir den historischen Verlauf mit in Rechnung stellen. Wir werden in vielen Fällen sehen, dass irgendwann ein Seitenwechsel stattfand.

Der Widerspruch ist spannend. In der Spannung steckt Energie. Plus *und* Minus. Nicht nur Plus oder nur Minus. Wir sprechen nicht zufällig von Spannungsfeldern. Die Realität ist in Natur und Gesellschaft oft uneindeutig, schwankend und auf dem Sprung, etwas anderes zu werden. Eine Bewegung stimuliert eine Gegenbewegung. Es geht um »Actio« und »Reactio«, wie es der Mitbegründer der Immunologie und erste Nobelpreisträger für Medizin, Emil von Behring, einmal formuliert hat.

In den Widerspruchsbewegungen entsteht das Neue, hier spielt die Musik der Kreativität. Das ist das Thema, das sich durch das disruptive Denken wie ein Leitmotiv hindurchzieht. Deshalb: Ziehen Sie noch einmal einen Strich von oben nach unten. Wählen Sie dann einen der folgenden unvollständigen Sätze und ergänzen Sie ihn:

- Ich kann mir nicht vorstellen, dass ....................................
- .............................................................. ist die Ausnahme.
- ............................... gibt es nur ..........................................
- Das ........................................................ schaffen wir nie.

Hier ein paar Anregungen:

- Ich kann mir nicht vorstellen, dass diese Arbeit je von einer Maschine ausgeführt wird.
- Bargeldloses Zahlen ist die Ausnahme.
- Farmen gibt es nur auf dem Land.

Den von Ihnen vervollständigten Satz schreiben Sie auf die linke Seite des Striches. Formulieren Sie dazu eine gegenteilige Aussage. Und scheiben Sie diesen gegenteiligen Satz auf die rechte Seite.

Diese Gegenüberstellung ist oft der Anfang von etwas Neuem. Sie verrücken die bisherige Position. Sie beginnen das Spiel zu drehen. Es kommt Bewegung in die Sache. Das werden wir später bei dem so genannten »T-Canvas« noch ausbauen.

Je häufiger wir uns mit den anderen, uns fremden Seiten der Dinge beschäftigen, desto eher lernen wir spielerisch zu antizipieren.

## Antizipation der Disruption

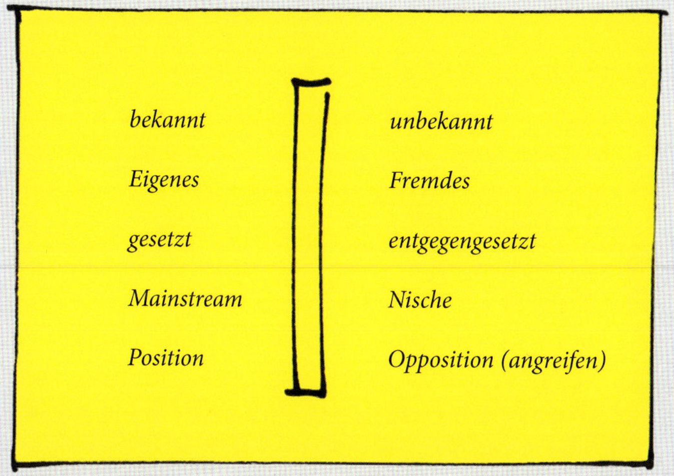


*Spielerisch die Seite wechseln, in die Rolle des Angreifers schlüpfen*

## Pre-mortem-Analyse

Stellen Sie sich vor, Sie moderieren eine wichtige Vorstands- oder Topmanagementklausur. Lauter exzellente Leute, die lauter wichtige Themen behandeln wollen. Darunter ein Thema, das ganz oben auf der Agenda steht und im Hause schon einige Schleifen gedreht hat: Transformation. Es geht um verschiedene Maßnahmen, die in einem integrierten Transformationsprogramm gebündelt wurden. Alle sind zuversichtlich, denn es haben einige an dem Programm gearbeitet. Und auf den Präsentationscharts sieht alles sehr gut aus.

Aber Sie und ein, zwei andere Teilnehmerinnen beschleicht die Frage, ob die Kollegen sich nicht zu sicher sind. Ist in das Selbstbewusstsein vielleicht ein wenig Selbstgefälligkeit beigemischt? The Best Never Rest?

Es bringt – aus verschiedenen systemischen Gründen – meist gar nichts, das Programm insgesamt anzuzweifeln. Aber es bringt nach meiner Erfahrung sehr viel, spielerisch das mögliche Scheitern in ein kleines Format zu gießen und das Gegenteil des Geplanten durchzuspielen. Dieses Format ist die Pre-mortem-Analyse. Erstmals auf diese Methode gestoßen bin ich bei dem Verhaltenspsychologen und Nobelpreisträger Daniel Kahneman, der wiederum betont, dass sie eigentlich von dem Psychologen Gary Klein entwickelt wurde.

## Die Aufgabe und die Instruktion

Die Aufgabenstellung ist ganz einfach: Bevor das Programm (das Projekt, die neue Strategie etc.) beschlossen wird, werden die Verantwortlichen gebeten, noch einmal für einen kleinen Moment innezuhalten und sich zu vergewissern: Haben wir alles bedacht? Jetzt beginnt die Pre-mortem-Analyse. Mit der folgenden Instruktion:

Nehmen wir an, die Entscheidung ist gefällt. Es ist ein Jahr später – und wir müssen feststellen: Es war eine Katastrophe. Es ist schiefgegangen. Der Patient ist tot.

Sie haben jetzt die Aufgabe, zu analysieren: Warum ist es schiefgegangen? Was waren die Hauptursachen und was waren die wichtigsten Stationen auf dem Weg zum Exit?

Das können Sie zunächst in kleinen Gruppen analysieren, dann fassen Sie Ihre Analyse in Stichworten auf einer Pinnwand zusammen. Am Ende schauen Sie alle noch einmal gemeinsam drauf. Jetzt besteht noch die Chance, gegenzusteuern: Was und wie sollten wir anders machen, bevor wir das Programm auf die Organisation loslassen?

Das Wunderbare an dieser Methode ist: Sie funktioniert. Vorher hatten sich die kritischen Köpfe nicht getraut, Widerspruch zu äußern. Jetzt dürfen sie es. Meist führt das spielerische Widersprechen zu einer Kurskorrektur. Es ist eine moderne Variante des alten Advocatus-Diaboli-Prinzips. (Dieses Prinzip ist elementarer Bestandteil von Disruptive Thinking.)

## Die »Monday-Question«

Die Vernetzung ist – im Zusammenspiel mit Selbstorganisation – ein elementarer Treiber des Neuen. Manchmal auch des Neuen, das disruptiv wirkt oder das wir als disruptiv empfinden. Denn wie disruptiv das Neue wirkt, entscheidet sich nicht nach Stunden, Tagen oder Wochen, sondern nach Jahren oder Jahrzehnten.

Aber wir können jetzt einen Anfang machen. Zum Beispiel, indem wir Fragen stellen, die uns in der Vernetzung weiterbringen.

Peter Thiel, einer der Gründer von PayPal und manchmal einer der klügsten Köpfe des Silicon Valley, erzählt davon, dass er seinen Studenten eine Aufgabe in Form einer Frage mit ins Wochenende gibt: Überlegt euch, mit wem ihr euch vernetzen wollt. Denkt darüber nach, welche Menschen euch interessieren würden, die vielleicht etwas ganz anderes machen als ihr. Kommt am Montag wieder – mit drei Namen!

Ich finde, dass das eine spannende Aufgabe auch für Nichtstudenten ist – ja vielleicht gerade für Menschen unterschiedlichen Alters und Geschlechts, die schon recht fest im Sattel zu sitzen glauben. Ich nenne dies die »Monday-Question«.

Versuchen Sie mal, sich an einem freien Wochenende mit dieser Frage zu beschäftigen: Mit welchen drei Personen (die mir persönlich nicht bekannt sind) möchte ich mich vernetzen? Das können Personen sein …

- die aus einer ganz anderen Disziplin kommen oder in einem anderen Bereich tätig sind,
- die etwas haben, was mich besonders anzieht,
- vor denen ich besonderen Respekt habe,
- von denen ich etwas lernen kann.

Stellen Sie sich diese Personen vor. Und stellen Sie sich vor, wie Sie diese ansprechen wollen. Überwinden Sie Ihre Scheu. Denken Sie sich etwas Gutes aus, was beide interessiert. Und beginnen Sie am Montag mit der Umsetzung. Vielleicht ist das der Start für eine Vernetzung, die neue kreative Impulse auslöst.

### Die Monday-Question

## Erweiterte Kreativität: das 9-Punkte-Problem in dieser Zeit

Eigentlich ist dieses Modell uralt. Es ist eine »Aufgabenstellung aus dem Bereich des praktischen Problemlösens in der Denkpsychologie«, wie es bei Wikipedia heißt. Es wird oft bei Einstellungstests verwendet und soll zeigen, ob der Kandidat oder die Kandidatin in der Lage ist, Probleme aus einer anderen Perspektive zu sehen.

Die Aufgabe lautet: alle 9 Punkte, die exakt und sauber in einem Quadrat angeordnet sind, miteinander zu verbinden. Mit nur vier Strichen und ohne das Schreibwerkzeug abzusetzen.

**Das 9-Punkte-Problem**

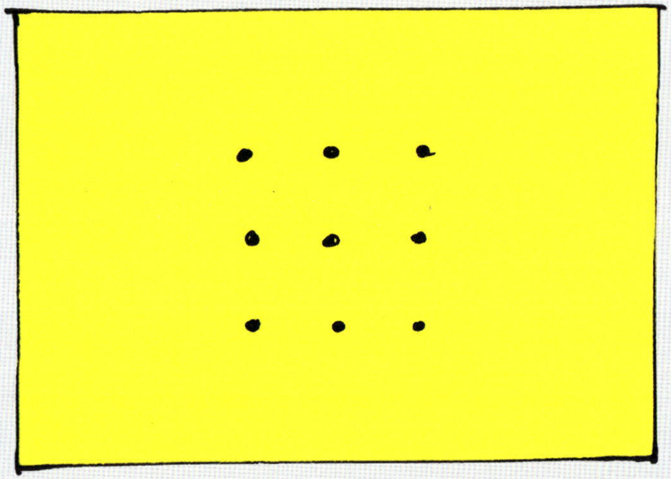

Das Verblüffende ist: Obwohl es eigentlich wohl bekannt ist, ist die Lösung für viele doch immer wieder ein Aha-Erlebnis. Ach ja – so sollte ich eigentlich an Probleme herangehen. Nämlich aus dem imaginierten Kästchen herausgehen, die eigenen »inneren Grenzen überwinden«, wie Marco von Münchhausen es beschreibt, der mich wieder auf dieses Modell aufmerksam gemacht hat.

In jedem Workshop, in dem diese Aufgabe in frischer Weise besprochen und erlebbar gemacht wird, passiert etwas mit den Teilnehmern. Die Tür des bewussten Sehens öffnet sich einen Spalt: So geht das also mit dem Querdenken. Querdenken wird bildlich vorstellbar. Und wenn wir uns etwas vorstellen, können wir uns besser darauf einstellen.

Das ist aber nur der erste Schritt. Man kann das Modell noch einige Schritte weiterdenken und unsere Vorstellungskraft erweitern. Denn bislang beziehen wir uns immer noch auf die 9 Punkte. Sie sind der Referenzrahmen. Aber braucht es das unbedingt?

Auf den zweiten Schritt bin ich eher durch Zufall gestoßen, als ich spielerisch mit den neuen gewonnenen Flächen außerhalb der 9 Punkte experimentierte. Auf einmal wurden diese Dreiecke vor meinem inneren Auge zu Flügeln. Und auf einmal wurde aus den 9 Punkten ein unbekanntes Flugobjekt. Sehen Sie das?

Plötzlich geschieht etwas mit dem Ding. Es wird beweglich. Es passiert das, was die Digitalisierung mit vielen Dingen und Geräten anstellt: Sie werden mobil.

Jetzt kann man das Objekt drehen und wenden. Im dritten Schritt. Es kann nun auch in eine andere, entgegengesetzte Richtung fliegen. Und dabei verwandelt es sich – es transformiert sich. Die 9 Punkte haben wir längst verlassen. Die stabile, schwere, nur schwer bewegliche alte Welt auch. Jetzt sind wir in der neuen Welt der jungen, manchmal wilden Angreifer angekommen: Ist es eine

Drohne, eine ganz neue, von der Bionik inspirierte Flugmaschine oder ist es gar ein Stealth-Bomber?

All diese Schritte sind nur hypothetisch. Wir tun mal so, als ob. Wir können jederzeit wieder zur Ausgangsposition zurückkehren, wenn wir die Metamorphosen zu verrückt finden. Aber Kreativität braucht dieses Verrücken. Und es braucht in dieser Zeit das experimentelle Drehen und Wenden, bis die Dinge mobil werden, bis wir uns vorstellen können, dass sie uns selbst angreifen könnten. Und bis wir selbst wirklich innovative Lösungen gefunden haben, die dem zuvorkommen (und vielleicht weniger martialisch sind).

Das ist Disruptive Thinking. Das ist nicht nur Querdenken. Das ist Denken ohne Geländer. Nicht nur outside the box, sondern ohne Box. Und mit der inneren Beweglichkeit, anschließend das eine mit dem anderen zu kombinieren.

Hier noch einmal die Aufgabe – in erweiterter Form:

- Verbinde die 9 Punkte mit nur vier Strichen und ohne den Stift abzusetzen.
- Fasse die neu gewonnenen Flächen genauer ins Auge. Stelle dir vor, das Modell bekommt Flügel.
- Bewege und drehe das Ganze – zum Beispiel um 180 Grad.
- Fasse die beiden gegenläufigen Bewegungen ins Auge. Kombiniere!

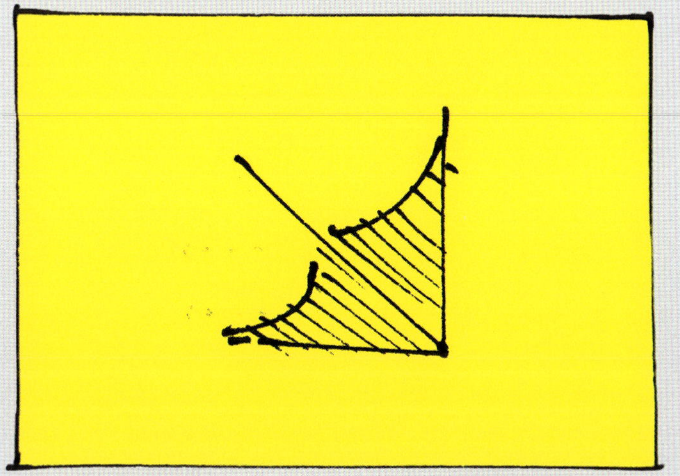

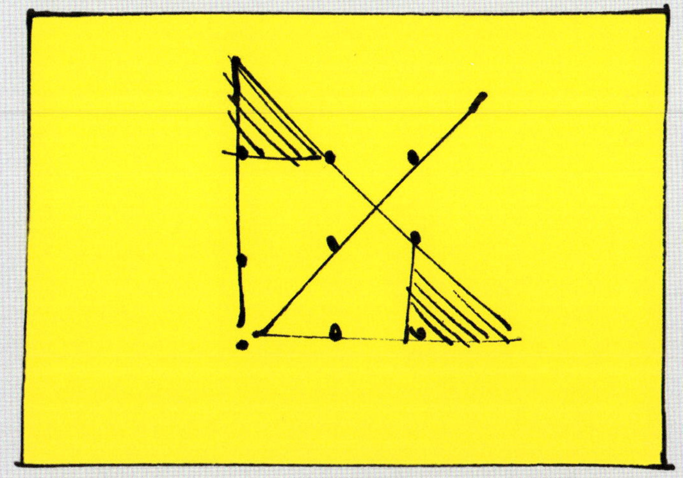

Die 9-Punkte-Auflösung

»Haben Sie bemerkt, dass sich alles verändert hat? Haben Sie das bemerkt? Es ist alles anders geworden, finden Sie nicht? Zwar nicht äusserlich, nicht so sehr, aber anders. Dabei glauben die Leute, es hätte sich gar nicht verändert, es sei alles beim alten geblieben. Doch ich sage Ihnen: Alles ist anders geworden, unter der Oberfläche, verstehen Sie, nicht in der Art einer Kleinigkeit, sondern regelrecht, überall, oh, Sie werden mich schon begreifen im Laufe der Zeit.«

**Ror Wolf, Die Gefährlichkeit der großen Ebene (1996)**

*»Regeln sind lediglich die Krücken, die Nachahmern helfen, weiterzuhumpeln. Innovatoren schenken den Regeln zwar die entsprechende Beachtung, jedoch nur, um sie zu brechen.«*

**Bolko von Oetinger**

*»So ist denn in der Strategie alles sehr einfach, aber darum nicht auch alles sehr leicht […]. Die Friktion, oder was hier so genannt ist, ist es also, welche das scheinbar Leichte schwer macht.«*

**Carl von Clausewitz**

*»The test of a first-rat intelligence is the ability to hold two opposed ideas in the mind at the same time, and still retain the ability to function. One should, for example, be able to see that things are hopeless and yet be determined to make the otherwise.«*

**F. Scott Fitzgerald**

*»The entrepreneur upsets and disorganizes. […] his task is ›creative disruption.‹«*

**Peter Drucker**

# II. Aufstieg

## Die strategische Herausforderung

»Be surprisingly simple!«

## Strategic Surprise

Beginnen wir mit einer Geschichte, die ziemlich alt und zugleich ziemlich aktuell ist. Am 4. Oktober 1957 startete die Sowjetunion eine Rakete. Mit dem ersten künstlichen Satelliten, der eine Erdumlaufbahn erreichte. Das war der berühmte Sputnikschock. Er erschütterte das Selbstverständnis der USA. Ein halbes Jahr später gründete die Regierung der USA die ARPA (Advanced Research Project Agency), die Vorgängerin der heutigen DARPA (Defense Advanced Research Project Agency). Diese Innovationsagentur, die vielen in Europa als ein Vorbild gilt (beispielsweise für die Agentur für Sprunginnovationen in Deutschland), hat eine Mission, die bis heute Gültigkeit hat: »to create or prevent strategic surprise«.

## Überraschend einfach

Ich werde oft gefragt: Können Sie uns sagen, welche bahnbrechenden Innovationen wir in den kommenden Jahren zu erwarten haben? Ich antworte dann: Nein, das kann ich nicht.

Ganz sicher werden sie etwas mit digitalen Technologien, mit Daten und mit den Prinzipien der Vernetzung zu tun haben. Vermutlich werden dabei künstliche Intelligenz, digitale Plattformen, Cloud-Dienste und mobile Anwendungen auch jenseits der Smartphones eine zentrale Rolle spielen. Vielleicht auch Anwendungen der Blockchain-Technologie oder Durchbrüche beim Quantencomputing. Diese Innovationen werden möglicherweise teilweise aus Ländern kommen, die andere Werte haben. Um es vorsichtig auszudrücken. Doch das sind nur Annahmen. Sie helfen uns nicht wirklich weiter, wenn wir konkret angeben wollen, welche innovativen Lösungen sich wann und wo durchsetzen werden.

Aber wenn ich ausnahmsweise eine Vorhersage machen darf, dann diese: Die kommenden bahnbrechenden Innovationen werden überraschend einfach sein. Sie werden uns überraschen. Und sie werden in der Anwendung für den Nutzer einfach sein. Das wird das Geheimnis ihres Erfolges sein. Diesen Code zu entschlüsseln und praktisch nutzbar zu machen, ist Kern der strategischen Herausforderung, die vor uns liegt. Darum geht es in diesem zweiten Teil.

## Sehen und doch nicht sehen

»Überraschend« heißt nicht: aus heiterem Himmel kommend. Eingeweihte, mit den Technologien und Märkten Vertraute, haben oft schon eine Ahnung, dass da irgendwo etwas Neues entwickelt wird. Vielleicht sogar im eigenen Ökosystem. Doch ob sich das Neue, das noch in den Kinderschuhen steckt, im Wettbewerb behaupten kann, das wissen sie nicht. Ob es gar so groß und erfolgreich werden kann, dass es tatsächlich »bahnbrechend« wirkt, das wissen sie erst recht nicht. Sie glauben es oft auch nicht. Weil es ihren Vorstellungen widerspricht.

## Die brennende Ölplattform

Als Olli-Pekka Kallasvuo Anfang 2007 vor die internationale Presse trat, war er sich seiner Sache ganz sicher. Der CEO von Nokia war stolz auf die eigenen Produkte, die in vielen Jahren kontinuierlicher Optimierungsarbeit immer besser geworden waren. Die Ingenieure waren gut, die Manager kannten sich aus mit dem Markt. Der Ruf war exzellent. Die Marktentwicklung war exzellent. Für ihn war klar: Das Beste kommt noch.

Natürlich wusste er, dass Apple in diesem Jahr mit seinem neuen Smartphone auf den Markt kommen würde. Aber für ihn war das ein Nischenprodukt. Und so glaubte sich Kallasvuo in einem Interview mit der WELT einen ironischen Seitenhieb leisten zu können: Apple würde schon sehen, dass es auf diesem Markt »besser ist, offene und nicht geschlossene Systeme zu schaffen«. Drei Jahre später war er weg. Sein Nachfolger Stephen Elop, der von Microsoft gekommen war, schrieb 2011 an seine Mitarbeiter einen »Brandbrief«. Darin hieß es: »Wir stehen auf einer brennenden Ölplattform!« Das war, wie wir heute wissen, nicht ganz verkehrt.

## Der elektrisierende Moment

Vor einigen Wochen haben mich Nachwuchsführungskräfte eines großen, weltweit führenden Pharmaunternehmens gebeten, mit ihnen einen Disruptive-Thinking-Workshop zu entwickeln. Es wurde ein spannender Workshop, den ich gemeinsam mit einem Kollegen durchführen durfte. Während der Arbeit gab es einen Moment, der besonders elektrisierte: als die Führungskräfte begannen, Grundannahmen ihres Geschäftes infrage zu stellen und mit gegenteiligen Annahmen zu experimentieren. Das war für die meisten ein überraschendes »Aha-Erlebnis«. Es spiegelte wider, was ihnen in letzter Zeit häufiger widerfahren war.

## Blut auf dem Handy

Beispiel Diagnostik. Immer mehr mobile Software-Applikationen zur Unterstützung der medizinischen Diagnoseerstellung kommen auf den Markt. Sie sollen zeitaufwendige Arztbesuche ersparen und Patienten zu medizinischer Expertise verhelfen. Nach dem Motto: Gib einen Tropfen Blut auf dein Handy und – »be your own physician now«! Mit Bluttests via Smartphone könnte der riesige Markt für Point-of-Care-Diagnostika auf den Kopf gestellt werden. Mit anderen Worten: Die Grundannahmen der professionellen medizinischen Tätigkeit werden infrage gestellt. Und das ist erst der Anfang. Denken wir an das gigantische Feld der »personalisierten Medizin«, das gerade erst allmählich erschlossen wird. Von dem noch niemand mit Bestimmtheit sagen kann, welche Akteure mit welchen Wirkstoffen sich hier in Zukunft durchsetzen werden. »Disruption bis ins Fundament« nennt der Mediziner Erwin Böttinger vom Hasso-Plattner-Institut das, was da gerade im Gesundheitswesen beginnt.

## Der Kern des Problems

Ich erzähle diese Geschichten, weil sie uns zum Kern des Problems hinführen. Der Begriff »disruptive Innovation« geht bekanntlich auf den Harvard-Forscher Clayton M. Christensen zurück. Im Untertitel der deutschsprachigen Übersetzung von Christensens Hauptwerk *The Innovator's Dilemma* wird der Vorgang »bahnbrechende Innovationen« genannt. Diese Übersetzung ist meines Erachtens sehr treffend. Ich finde auch das Grundmodell von Christensen treffend. Ich arbeite damit, wenn auch in leicht abgewandelter und vereinfachter Form.

Dies ist meine Skizze dazu:

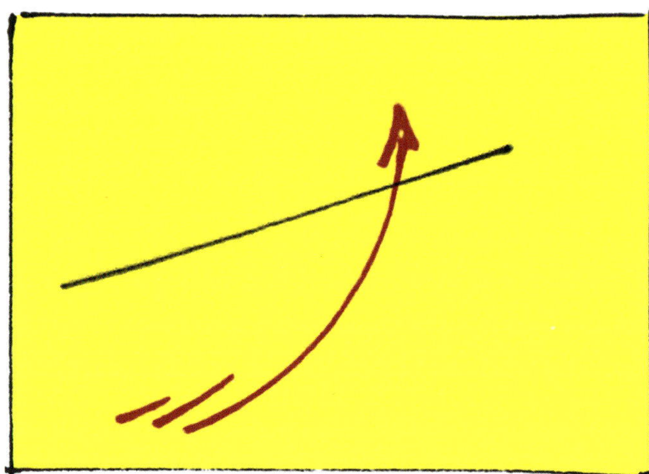

*Disruption: Der Angreifer durchschlägt die Bahn des Arrivierten*

Hier haben wir zunächst die Bahn eines erfolgreichen Unternehmens oder einer anderen arrivierten Institution, des Platzhirsches, wie Christensen sagt. Allmählich, stetig, linear ansteigend.

Dann gibt es den Angreifer, er kommt von schräg unten. Manche sagen: aus dem toten Winkel. Steil exponentiell ansteigend. Und plötzlich schlägt er durch. Er durchbricht die Bahn des Arrivierten. Er bricht dessen Geschäftsmodell, vielleicht sogar dessen Geschäftsgrundlagen.

## Das Dilemma

Nun könnte man sagen: Geschieht ihm recht! Hätte der Arrivierte vorher aufpassen müssen. Das war doch vorherzusehen. Aber ist das so?

Zuvor sah das Bild noch etwas anders aus. Und das zeigt meine zweite Skizze:

*Das Dilemma oder: Die Lage vor der Disruption*

In dieser Lage befand sich damals Nokia. Und in dieser Lage befinden sich Hunderttausende nichtgenannte Unternehmen und Organisationen heute, nicht nur in Europa.

## Kommt Ihnen das bekannt vor?

Sie bekommen schon mit, dass irgendwo etwas Neues entwickelt wird. Vielleicht in diesem oder jenem Start-up. Vielleicht irgendwo auf der Welt in einem wissenschaftlichen Institut. Aber dann heißt es im Management-Meeting: Warum sollen wir uns davon irre machen lassen? Sollen wir auf jeden Zug aufspringen? Außerdem sind wir doch überzeugt, dass unsere Produkte viel besser und ausgereifter sind. Diesen Vorsprung kann niemand so schnell aufholen. – Kommt Ihnen das bekannt vor?

Und selbst wenn Sie sich auf das Neue einlassen, stehen Sie vor einem Problem: Sie wissen, dass die Kunden von heute das nicht honorieren werden. Vielleicht morgen. Aber von den potenziellen Kunden von morgen kann Ihre Firma heute nicht leben.

Das ist das, was Christensen das »Innovator's Dilemma« nennt. Und das trifft den neuralgischen Punkt: Weder die Arrivierten noch die Neuerer wissen genau, was sich wie durchsetzen wird. Sie tun nur manchmal so.

## Gegensätzliche Erwartungen

Die europäische Automobilindustrie steckt seit Jahren in diesem Dilemma. Hier die Erwartungen der Mehrheit der Kunden und Anteilseigner (bis heute): Hört nicht auf, leistungsfähige Fahrzeuge mit klassischen Antriebskonzepten zu bauen, und entwickelt diese weiter. Dort die Erwartungen eines wachsenden, umweltsensiblen Teils der Bevölkerung: Baut endlich mehr Fahrzeuge mit alternativen Antriebskonzepten. Warum seid ihr so spät dran?

Es war und ist das Dilemma zwischen Gegenwartsinteressen und Zukunftsinteressen. Zugespitzt formuliert. Die Partei der Gegenwart mahnt: Bleib bei dem Bewährten und optimiere es. Mit dem Neuen verlieren wir nur Geld und Kunden. Die Partei der Zukunft sagt: Wenn wir nicht jetzt massiv in die Zukunft investieren, werden wir morgen gar keine Kunden mehr haben. Beide Seiten standen lange im Widerspruch zueinander. Beide Seiten waren sich ihrer Sache sicher. Oder haben so getan, als ob.

Aus diesem Dilemma führt kein Entweder-oder-Weg heraus. Jedenfalls nicht für die meisten Akteure, die schon eine Weile im Markt sind. Inzwischen ist allen klar: Wir brauchen eine große Elektrooffensive. Und noch weitere, ganz andere, integrierte Mobilitätsoffensiven, von denen wir noch keine Ahnung haben, wie sie aussehen werden, wenn sie wirklich realisiert werden. Ob das gelingt? Dieser Aufstieg wird kein leichter sein.

## Können wir Widersprüche? Sind wir umwälzend genug?

Es gilt, den Widerspruch anzunehmen. Es gilt, beide Seiten zu entwickeln. Konsequent. Nicht ein bisschen, nicht halbherzig. Nicht in der Mitte zu ermatten. Es gilt, das Bewährte zu optimieren und *zugleich* mit großer Kühnheit und hohem Risiko radikal neue Lösungen zu entwickeln – sowie mit neuen, innovativen Kombinationen zu experimentieren. Dazu muss man ein wenig verrückt sein, die Ungewissheit akzeptieren und die Spannungen aushalten. Denn keiner weiß genau, welche Fahrzeuge, Produkte, Services, integrierten Konzepte und Geschäftsmodelle sich in sieben oder acht Jahren wirklich durchsetzen werden.

Aber sind wir so kühn? Sind wir so mutig? Lassen wir zu, dass unsere Grundannahmen infrage gestellt werden? Können wir uns selbst infrage stellen – selbst disruptiv sein? Ertragen wir Widersprüche? Wir haben das doch in der Regel nirgendwo gelernt. Weder in der Schule noch in der Hochschule noch in der Management-Grundausbildung.

## Was uns lähmt

Dann passiert oft, was alle lähmt: Wenn es irgendwo Widerspruch gibt, wird gestritten. Offen oder verdeckt. Beide Parteien wollen recht behalten. Sie können sich nicht vorstellen, dass die andere Seite auch recht haben könnte. So wird um jeden Zentimeter Boden gerungen. Das kostet unglaublich viel Zeit. Und die Arrivierten haben meist mehr Zeit. (Obwohl ihr Terminkalender natürlich viel voller ist.)

Es gibt auch kaum Formate, in denen wir lernen könnten, mit Gegensätzen zu spielen und unsere eigenen Grundannahmen infrage zu stellen.

## Und bei uns?

Manchmal erzählen mir Manager aus großen Firmen: Wir haben ein eigenes Innovation-Lab gegründet und Mitarbeiter in Design Thinking und anderen agilen Methoden geschult. Um dann hinzuzufügen: Was halten Sie davon? Das ist doch der Weg?

Wenn der letzte Satz nicht nur eine rhetorische Frage ist, antworte ich: Ja. Wunderbar. Sie schaffen damit Voraussetzungen für einen anderen Umgang mit dem Neuen in Ihrer Organisation. Aber glauben Sie, dass das reicht? Was tun Sie selbst dafür?

## Nur Innovationstheater?

Alex Osterwalder, einer der Erfinder des Business Model Canvas, drückt das direkter und weniger diplomatisch aus: In vielen Unternehmen werde nur »Innovationstheater« gespielt. Es fehle die Legitimation an der Spitze. »Wenn der CEO und das Topmanagement nicht 20 bis 30 Prozent ihrer Zeit mit Innovation beschäftigt sind«, werde das nichts. Und weiter: »Das größte Problem ist für mich Macht. Innovation hat heute im Unternehmen weder Macht noch Legitimation und darum sind die meisten Inkubatoren auch Quatsch. Im Inkubator eines Unternehmens, das von Management und Ausführung dominiert wird, entstehen zwar manchmal auch neue Ideen, aber die schaffen es nicht nach oben. Die Aktivitäten müssen strategisch integriert sein. Und das Management muss sich damit beschäftigen.«

Oft sind es traditionelle hierarchische Strukturen der Organisation, die verhindern, dass radikale, bahnbrechende Innovationen entwickelt werden, sowie das Verhalten des Managements, das versucht, »seine erworbenen Gebiete zu verteidigen, und es tunlichst vermeidet, für risikoreiche Projekte Verantwortung zu übernehmen«, wie die beiden Forscher Yu und Hang in einer (bereits 2009 publizierten) Studie herausgefunden haben. Claudia Nicolai hat mich in einer interessanten Session an der HPI School of Design Thinking auf diese Studie aufmerksam gemacht.

## Keine Zeit für das Neue heißt: keine Macht für das Neue

Ich weiß nicht, ob das Ihnen bekannt vorkommt. Haben Sie in Ihrer Organisation schon Ähnliches erlebt? Zu wenig Zeit des Managements für radikal neue Ideen? Verteidigung der erworbenen Gebiete?

Zeit heißt Konzentration. Zeit heißt Engagement. Zeit heißt Macht.

Für anderes ist natürlich Zeit da. Für Prozesse. Für Optimierung. Für das Tagesgeschäft. Wieso? Liegt das möglicherweise daran, dass wir uns nur ungern widersprechen lassen? Schon gar nicht, wenn wir die radikalen Neuerer für zu klein oder unbedeutend halten? Und erst recht nicht, wenn diese mit ihren Ideen unseren Überzeugungen zutiefst widersprechen? Wir geben ihnen keine Aufmerksamkeit, keinen Raum und vor allem keine Macht. Oder sind wir einfach zu unsicher, wie das geht mit dem Neuen?

### Strategiemythen

Die typischen Strategiemythen sind:

- Digitalisierung hat bei uns oberste Priorität.
- Wir bauen einen tollen Inkubator.
- Wir schaffen es allein.

Ich spreche hier zunächst über den ersten, besonders weit verbreiteten Mythos: Digitalisierung als Aufgabe zu formulieren, ist noch keine Strategie, sondern eine allgemeine Absichtserklärung. Strategie wird daraus erst durch eine Ausdifferenzierung und Fokussierung.

So hat beispielsweise der Heizungsbauer Viessmann, das bekannte Allendorfer Familienunternehmen, folgenden »Dreiklang« formuliert:

- Erstens: Die Digitalisierung zur Optimierung des Kerngeschäfts voranzutreiben.
- Zweitens: Neue digitale Geschäftsmodelle zu entwickeln.
- Drittens: Die Diversifikation in ganz neue Felder zu wagen.

Das disruptive Potenzial liegt vor allem in den beiden letzten Feldern: Statt »Dinge besser zu machen«, gehe es darum, »die Dinge anders zu machen«, so Max Viessmann. Und »Dinge anders machen« hat immer etwas zu tun mit dem radikalen Denken aus Sicht des Kunden. »User Centric« als oberstes Gebot.

## Dieser Apfel fällt zu früh

Ich halte in meinen Vorträgen manchmal ein handflächengroßes, schwarzes Gerät hoch und frage, was dies sein könne. Einige vermuten, es könne sich dabei um ein Nokia-Gerät handeln.

Doch weit gefehlt, es ist ein Gerät von Apple. Es konnte sehr viel. So hatte es einen berührungsempfindlichen Bildschirm. Man konnte mit einem Stift auf ihm schreiben. Und es hatte eine lernfähige Handschrifterkennung. Seine Name war: Newton. Es kam 1993 (!) auf den Markt und wurde damals von vielen als eine Revolution in der IKT-Branche gefeiert. Technologisch war es seiner Zeit klar voraus. Manche sind heute noch von dieser Erfindung begeistert. Aber das Produkt konnte sich auf dem Markt nicht durchsetzen. Apple ist damit grandios gescheitert.

Steve Jobs mochte den Newton übrigens nicht. Vielleicht auch, weil er spürte, dass der Newton zwar überraschend, aber noch nicht einfach genug war. Wie dem auch sei. Meine These ist: Ohne dieses frühe Scheitern wären die späteren Erfolge von Apple mit dem iPhone (2007) und dem iPad (2010) kaum denkbar gewesen. Die Mitarbeiter, die Entwickler und das Management haben gelernt. Sie haben schon mal geübt. Und dafür hatten sie viel Zeit. Zwischen dem Newton und dem iPhone liegen 14 Jahre.

## Geschützte Räume: lernen, scheitern, üben

Vielleicht brauchen Sie mit Ihrer innovativen Idee, Ihrem neuen Geschäftsmodell und mit Ihrer Organisation nicht ganz so lange. Was auch immer Ihre Neuerung ist. Ich würde es Ihnen wünschen. Aber ohne scheitern wird es nicht gehen. Lernen und scheitern gehören zusammen. Jack Ma, der vor Kurzem die Führung von Alibaba niedergelegt hat und nun sein Wissen an Studenten weitergibt, sagte dazu in einem Interview mit der FAZ: Er wolle nicht Erfolg lehren, sondern wie man Fehler macht: »Es sind die Fehler und die Lektionen, die wir aus ihnen lernen, mit denen wir Fortschritt machen.«

Deshalb mein Tipp: Schaffen Sie geschützte Räume, in denen Sie scheitern können und dürfen. Und Neues so lange ausprobieren können, bis es wirklich gut, wirklich, wirklich pur und einfach ist. Das gilt für Ihre Produkte und Services wie für Ihre Prozesse. Wenn Sie es nicht tun, werden es ganz sicher bald andere tun.

## Less, but better

Wenn man eine Sache von Steve Jobs lernen kann – manches andere sollten wir besser nicht von ihm lernen –, dann die Fähigkeit, Dinge einfach zu machen. Eine mit Leidenschaft gepaarte Fähigkeit, die sich nicht damit zufriedengab, dass etwas irgendwie innovativ war oder irgendein neues funkelndes Feature hatte. Das neue Etwas musste gut in der Hand liegen, kinderleicht zu bedienen sein, die Benutzeroberfläche sollte tatsächlich von jedem Kind spielerisch und intuitiv bedient werden können. Die Technologie sollte Freude machen, sie sollte die Fantasie und Kreativität anregen, die Arbeit und das Lernen erleichtern. Alles, was dem nicht diente, was irgendwie unrund war, wurde unerbittlich entfernt. Er reduzierte – manchmal gemeinsam mit seinen Teams, oft auch in Auseinandersetzung mit seinen Teams – so lange, bis die Lösung »pur« war, wie er zu sagen pflegte.

Das war »userzentriert«, wie es heute heißt. Einfachheitszentriert. Schönheitsfixiert. Und in einem tieferen Sinne designorientiert.

**LBB**

»Less, but better« ist das Leitmotiv des deutschen Designers Dieter Rams, dessen Arbeiten und Prinzipien den langjährigen Chefdesigner von Apple, Jonathan Ive, maßgeblich beeinflusst haben.

## Technologie plus X – der Befund der Forschung

Technologie allein, das haben wir schon bei der MP3-Technologie gespürt, reicht nicht für einen wirklich durchschlagenden Erfolg im Markt. Karlheinz Brandenburg, einer der MP3-Entwickler, hat das im Nachhinein genauso gesehen: »Die Leute von Apple haben das Gefühl vermittelt, dass ihre Produkte etwas Besonderes sind. Die Geräte von Apple waren einfach schöner zu bedienen. Darum haben sie mit Recht riesige Marktanteile gewonnen.«

Steve Jobs hat zeit seines Lebens daran gearbeitet, Engineering und Design zusammenzubringen, neu zu kombinieren. Auch mit anderen Disziplinen zu kombinieren. Vom Kunden ausgehend. Bei jeder Entwicklung. Von Anfang an. Deshalb war er auch einer der Ersten, die explizit von Design Thinking sprachen. Das ist sein Vermächtnis. Das ist unbestritten. Auch wenn manche heute vermuten, dass Apple möglicherweise den Zenit überschritten hat.

Man kann die ganze Literatur der letzten zwei Dekaden zum Thema Disruptive Innovation studieren, man wird keine Anhaltspunkte dafür finden, dass Technologie allein den Unterschied macht. Wo auch immer man die Studien und Artikel aufschlägt, wird man finden, dass noch etwas anderes im Spiel ist. Clayton M. Christensen selbst sagt, nicht die Technologie, sondern das Geschäftsmodell sei das Entscheidende. Rückblickend auf zwölf Jahre Forschung nach seinem Bestseller *The Innovator's Dilemma*.

Beispiel Kodak. Die erste Digitalkamera wurde von Kodak entwickelt. Technologisch war Kodak ganz vorne mit dabei. Aber das Verständnis für den Markt und für den Kunden fehlte, das Geschäftsmodell und das Marketing wurden nicht gleichermaßen mitentwickelt.

## Das Geheimnis von Design Thinking

Meine Beobachtung: Design Thinking war eine disruptive Innovation, eine soziale disruptive Innovation. Vermutlich eine der größten der letzten zwei, drei Jahrzehnte weltweit.

Sie war vor allem deshalb so bahnbrechend, weil sie überraschend einfach ist. Weil sie eine Fülle von Erkenntnissen und Erfahrungen aus dem Design und aus anderen Disziplinen auf überraschend einfache Weise kombiniert und bündelt.

## Minimalismus

Haben Sie in letzter Zeit über das Internet ein Hotel gesucht? Vielleicht auch gleich ein Zimmer gebucht? Vielleicht über Booking.com? Warum? Wahrscheinlich weil dort alles ganz einfach ist. Für den Kunden wie für die Hoteliers. Auf diese Weise ist dieses Reiseportal an seinen Konkurrenten vorbeigezogen. Manche sagen dazu, Booking.com habe den »Look to book«.

## Engineering und Design

»Be surprisingly simple!« – Ich halte das für essenziell in dieser Zeit der zunehmenden Komplexität. Entwickle etwas, das den Kunden überrascht und zugleich ganz einfach ist. Schön einfach. Manchmal auch einfach effizient. Verwandle das, was uns nervt, in etwas, das uns freut. Das kann man übrigens heute bei allen erfolgreichen US-amerikanischen Tech-Unternehmen studieren, die wiederum alle von Steve Jobs und Apple gelernt haben. Das gehört zu ihrer DNA.

### Intermezzo 1: der andere Blick

Netflix did not kill Blockbuster. Ridiculous late fees did.

Uber did not kill the taxis business. Limited taxi access and fare controls did.

Apple did not kill the music industry. Being forced to buy full-length albums did.

Amazon did not kill other retailers. Poor customer service and experience did.

Airbnb isn't killing the hotel industry. Limited availability and pricing options are.

Technology by itself is not the disrupter. Not being customer-centric is the biggest threat to any business.

(Kursiert ohne Quellenangabe im Internet, u. a. bei LinkedIn)

## Sonst nichts

Was sehen Sie, wenn Sie auf die Seite von Google gehen? Ein kleines fröhliches Logo und ein leeres schmales Feld, in das Sie Ihre Suchwörter eingeben können. Sonst fast nichts. Nur ein beinahe leeres, weißes Blatt. Unter Effizienzgesichtspunkten völlig abwegig.

Überlegen Sie mal, wie viele Funktionshinweise und wie viel Werbung Sie hier platzieren könnten. Alles verschenkt. Aber genau das ist das Geheimnis. Der Code, von dem ich eingangs sprach.

## Oder dieses Beispiel

Vor einiger Zeit ging ein junger Mann in einen Laden und lieh sich einen spannenden Film aus, *Apollo 13* mit Tom Hanks. Dann verlegte er den Film. Nun wollte der Ladenbesitzer von ihm 40 Dollar haben. Der junge Mann war genervt. Er dachte nach und gründete eine Firma. Sie sollte es den Menschen leichter und einfacher machen, Filme zu sehen. Obwohl er mit dieser Branche nichts zu tun hatte. Heute hat diese Firma über 140 Millionen Kunden. Und die Videotheken sind aus unseren Städten fast überall verschwunden. Der junge Mann war einer der Gründer von Netflix, Reed Hastings. Für Clayton Christensen ist Netflix ein Paradebeispiel für eine erfolgreiche Disruption. Vielleicht ist das Cloud-Gaming bald ein weiteres Beispiel?

## Ein deutsches Apple?

Das Münchner Unternehmen Franka Emika hat sich zum Ziel gesetzt, »Roboter für jedermann« zu bauen, die überraschend einfach zu bedienen und obendrein kostengünstig sind. Sie bauen mit dem »feinfühligen« Roboterassistenzsystem Panda bereits das am schnellsten verkaufte Industrierobotersystem der Welt. In ihrem Streben nach Einfachheit sehen sich die Entwickler in der Tradition von Steve Jobs. »Wir wollen in der Welt der Robotik das werden, was Apple in der Computerindustrie ist, aber in Deutschland entworfen, entwickelt und hergestellt«, erklärt der Gründer und CEO Sami Haddadin in einem Gespräch mit dem Magazin *Clutch*.

## Intermezzo 2: Was heißt einfach?

Gute Einfachheit meint: einfacher und leichter für die *Kunden*, die Nutzer – *nicht* für einen selbst. »Einfacher« heißt, dass die Innovation dem anderen Arbeit abnimmt.

Einfacher wird zum Beispiel:

- ein Prozess oder ein Teilabschnitt des Prozesses
- ein Handgriff (oder dieser entfällt ganz)
- die Bedienung von irgendetwas
- die Informationsaufnahme, die Übersicht, der Vergleich
- die Finanzierung (es muss nicht immer Kauf sein) oder die Bezahlung
- die Vertragsgestaltung, Transaktionen (z. B. durch die Blockchain-Technologie)
- der Versand, der Transport, die Zustellung
- die Versorgung (z. B. mit günstiger, erneuerbarer Energie)

»Einfacher« heißt meist effizienter. Das ist jedenfalls das Versprechen. Also: weniger Aufwand, Zeit, Geld, Mühe für die gleiche Sache. Oder weniger Mensch, wenn die Leistung des Menschen mehr Zeit und Geld kostet als die der digitalen Maschine. (Und wenn die menschliche Leistung »einfach« zu ersetzen ist, beispielsweise weil sie auf Routinetätigkeiten beruht.)

Das ist der Sinn der Technik. Technik nimmt uns Arbeit ab. Und das ist der Part der digitalen Technologie: Sie ist bestrebt, jede Effizienzlücke zu schließen. Meist unter Nutzung von Daten. Und sie findet jede Effizienzlücke.

Es gibt aber auch den anderen Part, den *Part der menschlichen Kreativität*. Ihr genügt es nicht, die Dinge nur effizienter zu machen. Sie ist bestrebt, die Dinge *freundlicher* zu machen. Und *umweltfreundlicher*. Sie will weniger Schaden anrichten. Sie möchte, dass die Lösung spielerischer wird, angenehmer. Sie soll mehr Freude machen.

Wenn beide Seiten zusammenkommen, ist die Chance groß, dass etwas überraschend Einfaches entwickelt wurde.

»Intermezzo« meint auch eine kleine Pause – vielleicht für eine Zigarette? Falls das heute noch akzeptiert ist? Vielleicht besser für eine Tasse Tee? Vielleicht einfach nur zum Nachdenken: Warum sind wir oft so wenig einfach? Warum nehmen wir uns nicht ab und zu die Zeit, die Fülle der Informationen, die auf uns einströmen, zu sichten, zu filtern, zu verdichten, neu zu kombinieren, um es dem anderen leichter zu machen? Warum helfen wir uns dabei nicht gegenseitig? Wie könnten wir das künftig organisieren?

## Das Zusammenspiel

Das schaffen wir nicht mehr allein. Das ist der rote Faden, der sich durch viele technologische und soziale Entwicklungen dieser Zeit hindurchzieht: kooperieren, kollaborieren, kombinieren. Eine Sicht, eine Disziplin, eine Profession, eine Expertise, eine Kompetenz reichen nicht mehr. Erforderlich ist ein multiperspektivischer Blick, ein neues vernetztes Zusammenspiel von unterschiedlichen Akteuren. Gerade wenn wir im überraschenden, innovativen Sinne einfacher werden wollen.

Durch das Crossover zwischen Disziplinen, Bereichen, Wissenschaften und Industrien entstehen neue Kombinationen, neue Ökosysteme und möglicherweise neue bahnbrechende Lösungen, die wir heute noch gar nicht auf dem Radarschirm haben.

### Warum neue Kombinationen?

Viele grundlegende Innovationen dieser Zeit sind kombinatorische Innovationen. Kombinationen aus verschiedenen Technologien und Komponenten: vom Internet bis zum selbstfahrenden Automobil. Uber ist eine Kombination aus Fahrzeug und Smartphone. Airbnb ist eine Kombination aus Internet und Gästezimmern.

Spannende Beispiele sind auch die Kombinationen von Disziplinen: Mechatronic. Oder Verhaltensökonomie. Beide prägen diese Zeit. Manche Unternehmen machen aus der Kombination von unterschiedlichen Disziplinen sogar neue Geschäftsbereiche und Markennamen. Beispiel Siemens Healthineers.

## Kombiniere! Und skaliere!

Wir brauchen technologische Kompetenz, große Datenmengen, künstliche Intelligenz *und* kreative menschliche Intelligenz *und* die Bereitschaft zur Kooperation und Kollaboration. Über Grenzen hinweg. Das »und« ist das Entscheidende. Wer dieses »und« beherrscht, dem gehört die Zukunft. Nur wer dieses »und« beherrscht, kann skalieren.

Das ist die Geschichte vom Schneeball. Ich habe sie zu Beginn erzählt. Viele haben zwar tolle, disruptive Ideen, aber diese bleiben Schneebälle. Sie werden nicht größer. Und nach einer Weile tauen sie weg. Amazon hat mit seinem »Snowball« einen Service entwickelt, der lawinenartig immer größer und mächtiger wurde.

Deshalb braucht das Kleine zunächst den Schutz von Personen, die Macht haben. Und die dem Neuen Macht verschaffen. Darüber haben wir eben gesprochen, als es um das »Innovationstheater« ging. »Macht« heißt auch Ressourcen, Kapital, Investitionen in Zeit und Geld. Jedes Start-up weiß davon ein mehrstrophiges Lied zu singen.

Aber selbst wer viel Geld eingesammelt hat oder bereits über viel Kapital verfügt, ist sich heute darüber im Klaren, dass die disruptiven Spiele auf den Märkten meist noch eine ganz andere Dimension haben. Warum sonst sollten BMW und Daimler den Entschluss fassen, beim Carsharing und bei der Entwicklung von selbstfahrenden Autos zu kooperieren?

## Auf die Vernetzung, fertig, los

Meine These: In puncto Vernetzung bleiben wir hierzulande unter den technologischen und sozialen Möglichkeiten. Und unter unseren eigenen. Sicher, Networking wird allerorts betrieben. In der eigenen Branche, im eigenen Klub, mit Gleichgesinnten – sehr gerne und immer wieder. Automobilhersteller treffen sich mit Automobilherstellern, Softwarespezialisten mit Softwarespezialisten, die Werbebranche trifft die Werbebranche usw. Das funktioniert prächtig. Aber gegenüber dem völlig Verschiedenen, weit Entfernten, Unbekannten aus anderen Fächern, Branchen, Bereichen, Kreisen – da ist die Zurückhaltung doch immer noch unübersehbar. Oft fehlt auch wiederum einfach die Zeit. So heißt es.

Dabei machen die Start-up-Szene und die Co-Working-Communitys vor, dass es anders geht. Hier ist für Vernetzung immer Zeit. Zumal, wenn man in einer Umgebung arbeitet, die dafür gebaut wurde. Weshalb bekanntlich der Klöckner-Chef Gisbert Rühl für ein halbes Jahr ins Berliner Betahaus gezogen ist, bevor er seine Plattform ins Rennen schickte.

## Vernetzung weiterdenken – Plattformen und »Cross-Industry«

Damit ist eines der beiden Stichworte gefallen, die benennen, wo wir noch ziemlich am Anfang stehen. Das eine Stichwort heißt »Plattformen«. Das andere »Cross-Industry«. In beiden Fällen geht es darum, den Netzwerkgedanken strategisch weiterzudenken und ökonomisch fruchtbar zu machen.

Der Trick dabei (der keiner ist) besteht darin: die Möglichkeiten der digitalen Vernetzung und die Prinzipien des Sharings zu nutzen, und zwar weit über die Grenzen des eigenen Unternehmens hinaus – und sie jenseits der klassischen Kunden- und Lieferantenbeziehungen profitabel auszudehnen.

»Die Plattform wird zum Marktbestimmer« und »keiner kann mehr alleine überleben«, so die Innovationsforscherin Katharina Hölzle, die in Potsdam lehrt und Mitglied der Expertenkommission Forschung und Innovation (EFI) der Bundesregierung ist.

## Die Magie der Plattformen

Das Angebot heißt: Werdet Teil unseres Netzwerks, kommt auf unsere Plattform. Wir bilden Communitys, die für euch interessant sind. Wir verschaffen euch einen bequemen Zugang zu den relevanten Märkten – und wir kontrollieren den Zugang zu diesen Märkten, ergänzen die Tech-Companies. Je mehr kommen, desto mehr habt ihr davon – und desto mehr haben wir als Erbauer der Plattform davon. Das gehört zur strategischen Logik des Spiels. Und: Als Erbauer der Plattform musst du nicht große materielle »Assets« haben. Du musst nur die Technologie und die Strategie beherrschen.

Du musst keine Läden haben, um Bücher und Konsumgüter im großen Stil zu verkaufen (Amazon). Du musst keine Hotels besitzen, um ein mächtiger Touristikkonzern zu werden (Airbnb). Du musst keine Busse haben, um zum führenden Busunternehmen aufzusteigen (FlixMobility). Tatsächlich hat Europas größtes Busunternehmen nur einen einzigen Bus. »Der steht in der Garage«, sagt Flixbus-Gründer Jochen Engert. Dass diese Jungs das Kombinationsspiel beherrschen, zeigte die Kurznachricht vom 21. März 2019: »Uber und Flixbus kooperieren bei der letzten Meile. Eine Partnerschaft für die letzten Meter vor der Haustüre: Nutzer der grünen Fernbuslinie können sich nun einfach einen Mietwagen zum Busbahnhof rufen.«

### Die Aufholjagd

Interessant wird es in Bereichen, die mit der Produktion, mit Maschinen und mit der Vernetzung der Dinge und Dienste zu tun haben. Ein Feld, das sich vom Thema Industrie 4.0 bis zum Thema »internet of things« erstreckt und bei dem es nicht zuletzt darum geht, die physikalische Welt mit der virtuellen Welt des Internets zusammenzuführen. Hier sind von Siemens (mindsphere) über GFT (axoom) bis zu verschiedenen Konsortien von Mittelständlern noch einige Akteure aus dem deutschsprachigen Raum im Rennen. Werden sie es ohne Amazon & Co. schaffen? Und was ist mit der Cloud?

An dieser Stelle zeigt sich, wie wenig es manchmal damit getan ist, allein ein innovatives Produkt oder innovatives Geschäftsmodell zu entwickeln. Die eigentlich schwierige Arbeit beginnt oft erst dann, wenn die einzelnen Prototypen längst ihren Test bestanden haben. Erst jetzt stellt sich heraus, ob man gerade als kleinerer Akteur in der Lage ist, vernetzt vorzugehen, Allianzen zu schmieden, Resonanzen zu erzeugen, Kräfte neu zu kombinieren und dies alles solide zu realisieren.

## Der Cross-Industry-Ansatz – gerade für den Mittelstand attraktiv

Vernetzt vorgehen, kooperieren, neu kombinieren – besonders für mittelständische Unternehmen ist das eine strategische Devise von hoher Relevanz. Kleinen und mittelgroßen Firmen fehlen oft die finanziellen Ressourcen, um an Innovationsthemen zu arbeiten, die über ihre bisherigen Kompetenz- und Geschäftsmodelle hinausgehen. Es reicht ja oft kaum, die altersschwache IT zu erneuern. Kennen Sie das? Die IT-Abteilung ist unterbesetzt. Die Personalabteilung weiß nicht mehr, wo sie neue, wirklich kreative und digital versierte Kräfte auftreiben soll. Wie wollen wir es da schaffen, allein aus eigener Kraft neue Technologie- und Innovationsfelder zu erschließen und uns dabei zum Beispiel mit möglichen Anwendungsfeldern der künstlichen Intelligenz auseinanderzusetzen?

Die Chance liegt in Kooperationen und in neuen Kombinationen: »in between« – zwischen den Sektoren und Branchen. Man nennt es »Cross-Industry-Innovation«. Diesen Ansatz kann man um das Thema Lernen erweitern: »Cross-Industry-Learning & -Innovation« kennzeichnet die Aufgabe, um die es geht. Die erste Frage heißt: Wie können wir anfangen, miteinander zu reden? Die zweite: Was können wir voneinander lernen? Die dritte: Was können wir möglicherweise vom anderen übernehmen und mit unseren eigenen Kompetenzen kombinieren?

## Cross-Industry konkret – innovativ und nachhaltig

Ein Beispiel für eine Cross-Industry-Innovation ist die Münchner »Digital Energy Solutions«, gegründet vom Familienunternehmen Viessmann gemeinsam mit BMW. Mit einem neuen, innovativen und zugleich am Prinzip der Nachhaltigkeit orientierten Dienstleistungsangebot rund um die Themen Energie, Ökostrom, smarte Stromtarife und Ladelösungen speziell für kleine und mittelständische Unternehmen. Diese Dienstleistung hat zunächst gar nichts mit den Domänen von BMW oder Viessmann zu tun. Es ist ein neues Geschäftsmodell dazwischen. Es ist eine neue Kombination.

Übrigens: Die Entwickler des iDrive-Systems haben sich bereits vor Jahren von einer ganz anderen Branche, nämlich von der Video Game Industry, inspirieren lassen. Inzwischen wird das Design vieler neuer Modelle weitgehend mit Komponenten aus der Computer Game Industry und aus dem Virtual-Reality- bzw. Augmented-Reality-Sektor entwickelt.

## Das Vorbild

Das Entscheidende ist das Gebot: Kombiniere! Meine These ist, dass wirklich disruptive Innovationen vor allem durch Kombinationen verschiedener technologischer und technologieübergreifender Elemente möglich werden. Dafür rufe ich auch einen Kronzeugen auf. Er liegt uns noch etwas näher als das Smartphone. Wir tragen ihn auf den Schultern. Es ist unser Gehirn.

Das menschliche Gehirn ist das komplexeste Organ, das wir kennen – und gerade deshalb ungeheuer leistungsfähig. Ausnahmen bestätigen die Regel. Dabei ist es supereffizient: Die rund 85 Milliarden Neuronen verbrauchen gerade mal 20 Watt, wie der KI-Pionier Chris Boos argumentiert. Er ist der Überzeugung: »Der Roboter wird nie besser sein als das menschliche Gehirn.« Und worin besteht die Leistungsfähigkeit? Vor allem in der Fähigkeit zu Kombinationen, basierend auf den 1000 bis 10 000 Verbindungen, die von jeder Hirnzelle zu anderen führen. Weshalb manche vermuten, dass es in unserem Gehirn so viele Synapsen gibt wie Blätter im Amazonas-Regenwald, etwa zwischen 100 Billionen und einer Trillion. Sollten wir damit nicht noch einiges erfinden können?

## Welche Innovationen wünschen Sie?

Ich habe vor einigen Jahren in einem Fragebogen des Zukunftsinstituts auf die Frage »Welche Innovationen wünschen Sie sich?« geantwortet: »Kombinatorische: die Kombination aus Digitalisierung und Nachhaltigkeit, aus Entdeckerfreude und Spaß am Denken, aus Technologie und Kunst, wirklich soziale Netzwerke, eine Swinging Economy, eine Next-Thinking-Revolution und eine neue spielerische Freiheitsbewegung.« Das war natürlich selbst spielerisch gemeint. Aber heute entdecke ich in dieser Antwort mehr Ernsthaftes, als ich damals ahnte.

## *Angreifer spielen*

Versetzen Sie sich in die Lage von Angreifern, kommen Sie ihnen gedanklich zuvor; antizipieren Sie ihre Angriffe.

## *Überraschen*

Verlassen Sie gedankliche Komfortzonen; brechen Sie Regeln, finden Sie den Nerv, agieren Sie kühn.

## *Selbst disruptiv sein*

Stellen Sie Grundannahmen infrage – und sich selbst.
Nehmen Sie eine radikale Gegenposition ein, akzeptieren Sie das Sowohl-als-auch, drehen Sie Dinge.

## *Noch einfacher werden*

Gehen Sie durch Komplexität hindurch, um überraschend einfach zu werden und dadurch mehr Wert für den Nutzer zu schaffen.

## *Experimentieren*

Versuchen Sie, wie gute Designer vom Nutzer aus zu denken, probieren Sie etwas aus, nehmen Sie die Resonanz wahr, um schneller und besser zu werden.

## *Vernetzung weiterdenken*

Überschreiten Sie eigene Grenzen, denken Sie »cross-industry« und in Plattformen, verstärken Sie die drei K: kooperieren, kollaborieren, kombinieren.

# Was?

Methoden, Tools, Denkbilder

## Vorab: Strategie – ist das was für mich?

Strategische Fragen sind nicht jedermanns Sache. Sie scheinen traditionell eher etwas für exklusive, meist hierarchisch sehr hoch angesiedelte und männlich dominierte Zirkel zu sein. Zirkel, in denen oft über unsere Köpfe hinweg über unsere Zukunft verhandelt wird.

Aber da wird gerade in manchen Organisationen einiges aufgebrochen. Kluge Frauen und Männer auf der oberen Etage beginnen ebendiese Etagenzuordnung infrage zu stellen und sich nicht mehr für kompetenter zu halten als andere – auch nicht, wenn es um wichtige strategische Themen geht.

Da wird zum Beispiel die Chefetage ganz konkret – physisch und für alle sichtbar – umgebaut, Teile der Etage werden in Co-Working-Räume mit einem Atrium in der Mitte verwandelt, in denen Mitarbeiter aller Hierarchiestufen an Zukunftsthemen arbeiten. So auf Anregung von Bettina Volkens bei der Lufthansa geschehen. Oder da lädt der Geschäftsführer eines großen innovativen Unternehmens seine Führungskräfte dazu ein, nicht nur an der Strategie mitzuwirken, sondern sie anzugreifen und selbst eigene disruptive Lösungen zu entwickeln. So hat es zum Beispiel Uwe Raschke bei Bosch BSH getan.

Anstiftung zum organisierten Widerspruch könnte man das nennen, was da passiert. In manchen Organisationen gibt es dafür bekanntlich – auf anderen Ebenen und meist auf Softwareprodukte fokussiert – ein eigenes Format, genannt »Hackathon« oder »Hack Day«. An diesem Tag ist jeder Teilnehmer aufgefordert, Schwächen des Alten aufzudecken *und* gemeinsam mit anderen Möglichkeiten des Neuen auszuloten. Darum wird es auch auf den folgenden Seiten gehen. Vielleicht ist Strategie dann doch etwas für Sie?

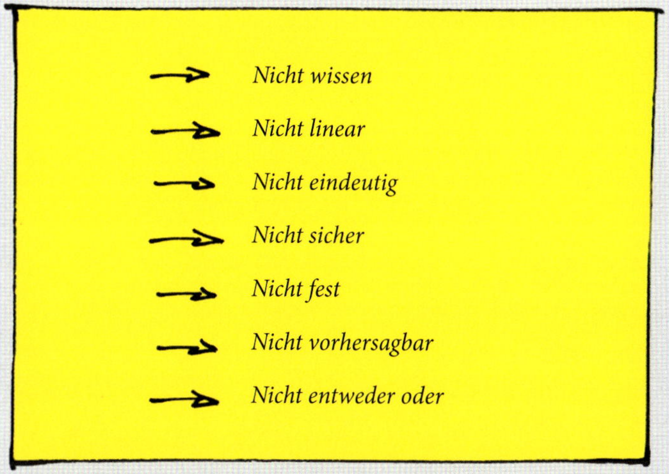


*Die siebenfache Zumutung des »Nicht«*

## Der Einstieg in den Aufstieg

Wer bahnbrechende Innovationen entwickeln will, muss sich auf einiges gefasst machen: Das Gelände ist nicht sicher. Der Weg ist nicht vorhersagbar. Es steht nicht fest, was wir erreichen werden.

Die Arbeit wird viel Freude machen. Wir werden neue Perspektiven und Lösungen finden. Aber es wird kein Spaziergang. Es kommen Passagen mit höheren Schwierigkeitsgraden. Es gibt auch gar keine Garantie dafür, dass wir den gewünschten Erfolg haben werden. Jedenfalls nicht später, wenn sich unsere Strategie auf dem Markt gegen Wettbewerber behaupten muss, die mit Mitteln kämpfen, die uns vielleicht nicht zur Verfügung stehen.

## Spielerisch erproben

Umso wichtiger ist, dass wir vorher üben. Und dabei spielerisch vorgehen, das heißt, verschiedene Varianten und Szenarien durchspielen. Deshalb braucht man »Sandboxes« und geschützte Räume, in denen wir strategische Züge erproben können, ehe wir uns mit ihnen dem rauen Wind der Realität aussetzen. Sandboxes sind eigentlich eine Art sicherer Testumgebung, wie wir sie von vielen Computerprogrammen her kennen. Ursprünglich wurden sie von Feldherren und Militärs genutzt. Das sind die »Sandkastenspiele«, über die nur die lächeln, die sie noch nie gespielt haben.

Deshalb ein ganz grundlegender Tipp: Dringen Sie darauf, dass in Ihrer Organisation geschützte virtuelle und physische Räume geschaffen werden, in denen neue Ideen und neue Geschäftsmodelle im interdisziplinären Austausch entwickelt, erprobt und getestet werden können. Es gibt dafür heute eine Vielzahl unterschiedlicher Formen und Beispiele, an denen man sich orientieren kann. Manchmal reicht auch erst mal ein Container, den Sie selbst zu einem Co-Working Space umgestalten. Oder Sie nutzen den Disruptive Thinking Room bzw. die Disruptive Thinking Corner, über die wir bereits im Basecamp gesprochen haben.

Wenn solche Räume und Arbeitsumgebungen für die Innovationsarbeit bereits existieren: umso besser. Dann wird dort sicherlich auch mit Design Thinking, mit dem Value Proposition Canvas und mit anderen kreativen Methoden gearbeitet. Und es wird Coaches geben, die in diesen Methoden geschult sind. Darauf können Sie aufbauen – nach dem Motto »Build on the ideas of others«.

## Strategische Auszeit

Nehmen Sie nach Möglichkeit mit Ihrem Team eine strategische Auszeit – wenn machbar, außerhalb der täglichen Arbeitsumgebung. Studieren Sie vorher die nachstehenden Methoden, Tools und Übungen. Suchen Sie für sich diejenigen heraus, die Ihnen am wirkungsvollsten zu sein scheinen, und erproben Sie diese mit konkreten Themenstellungen aus Ihrem Kunden- und Marktumfeld.

Verknüpfen Sie diese Tools mit Ihren eigenen, die Ihnen vertraut sind. Ganz gleich, ob Sie mit Zukunftsszenarien oder mit der SWOT-Analyse arbeiten, ob in Ihr Vorgehen wettbewerbsstrategische Überlegungen von Michael E. Porter oder der Blue-Ocean-Ansatz von W. Chan Kim und Renée Mauborgne einfließen.

Vor allem: Geben Sie Ihren eigenen Gedanken Raum. Ohne irgendein Tool. Nur mit einem leeren Blatt oder mit einem fast leeren Canvas. Denken Sie nicht nur »outside the box«, sondern ohne Box. Experimentieren Sie, spielen Sie den Angreifer oder lassen Sie den Angreifer spielen. Erweitern Sie Ihr Repertoire. Und dann konzentrieren Sie Ihre Kräfte.

Nutzen Sie dabei zur ersten Strukturierung Ihrer Gedanken die nebenstehende Liste und fangen Sie einfach an.

## To-think-Liste (Aufstieg)

**1. Thema / Challenge**

Was ist die strategische Herausforderung / Fragestellung?

Auf welchen Feldern wollen wir uns bewegen? Mit welcher Stoßrichtung?

..........................................................................................

**2. Nutzersicht**

Wer sind unsere Kunden / Nutzer?

Was sind die Aussagen wichtiger Nutzer? Was ärgert sie?

Was sind andere Insights?

..........................................................................................

**3. Widersprüche**

Welche Grundannahmen stellen wir spielerisch infrage?

Was sind mögliche gegenteilige Positionen?

..........................................................................................

**4. Ideen**

Auf welche Ideen bringt uns das?

..........................................................................................

**5. Überraschend und einfach?**

Trägt unsere Lösung bzw. unser Geschäftsmodell dazu bei,

- Effizienzlücken zu schließen?
- Freundlichkeitslücken zu schließen?
- Kreisläufe zu schließen?

..........................................................................................

**6. Vernetzung?**

Wie wollen wir unsere Lösung verbreitern / skalieren?

Wie schaffen wir Resonanz? In welchen Communitys?

Können wir dafür eine Plattform entwickeln / nutzen?

Können wir mit anderen kooperieren? Evtl. cross-industry?

..........................................................................................

**7. Methoden**

Welche Methoden bzw. Tools und welche Formate wollen wir nutzen oder haben wir genutzt?

..........................................................................................

**8. Akteure**

Wer sind die Teilnehmer des Teams / Projekts? Mit wem arbeiten wir zusammen? Wie gut sind wir vernetzt?

..........................................................................................

**9. Zeitraum**

..........................................................................................

**10. Nächste Schritte**

..........................................................................................

## Die nächste Stufe

Zu Beginn Ihrer strategischen Auszeit wollen Sie sich vielleicht noch einmal klarmachen, auf welche Felder Sie sich begeben. Und weshalb es angebracht ist, vom »Aufstieg« zu sprechen, geht es doch darum, eine nächste Stufe zu erreichen. Das verdeutlicht die erste Grafik gegenüber:

- Es ist die Grundlage jeder innovativen Tätigkeit, ständig an Verbesserungen zu arbeiten: »Making things better«.
- Darauf aufbauend, ist jeder Innovator bestrebt, neue und bessere Dinge zu entwickeln.
- Der nächste Schritt ist bereits ein Sprung, den nur wenige schaffen: das eigene Geschäft neu erfinden. Mit einem neuen Modell.
- Wem es dann noch gelingt, die Spielregeln grundlegend zu verändern, der schafft den größten Sprung.

Das ist eine plausible Einstufung verschiedener Typen von Innovationen. Natürlich hat während des kreativen Prozesses niemand dieses Schema so genau im Kopf. Mit Ausnahme der Unterscheidung zwischen der Optimierung bestehender Dinge und der radikalen Neuerfindung des Geschäfts. Diese Unterscheidung ist allerdings folgenschwer:

Im ersten Fall stelle ich meine Grundannahmen nicht infrage. Im zweiten Fall widerspreche ich ihnen, spiele den Angreifer. Im ersten Fall setze ich auf bestehende Geschäftsmodelle. Im zweiten Fall setze ich auf radikal neue Modelle und Spielregeln, die ein ganz anderes Design erfordern. (Ob ich mit dieser radikalen Intention wirklich auf dem Markt reüssiere, werde ich erst später wissen.)

## Nicht »entweder oder«, sondern »sowohl als auch«

Überzeugend finde ich auch den bereits erwähnten Dreiklang von Viessmann: erstens die Digitalisierung zur Optimierung des Kerngeschäfts vorantreiben, zweitens neue digitale Geschäftsmodelle entwickeln, drittens die Diversifikation in ganz neue Felder wagen.

Ich selbst arbeite gern mit einem Bild, das etwas von beiden Modellen hat und die Notwendigkeit des »Sowohl-als-auch« betont (jedenfalls für die meisten größeren Organisationen):

- Es gilt, das Bisherige radikal infrage zu stellen, den Angreifer zu spielen und Lösungen zu finden, die bahnbrechend wirken können.
- Es gilt aber zugleich, die bisherigen Produkte und Prozesse weiter kontinuierlich zu verbessern und zu optimieren.

Das ist das Yin und Yang von »anders machen« und »besser machen«.

Welches Modell auch immer Sie nutzen: Es sind nur Anregungen. Entscheidend ist, dass Sie für Ihre Organisation oder Ihren Bereich Ihre eigene Grundausrichtung finden und Ihre eigenen Felder definieren.

## Die nächste Stufe

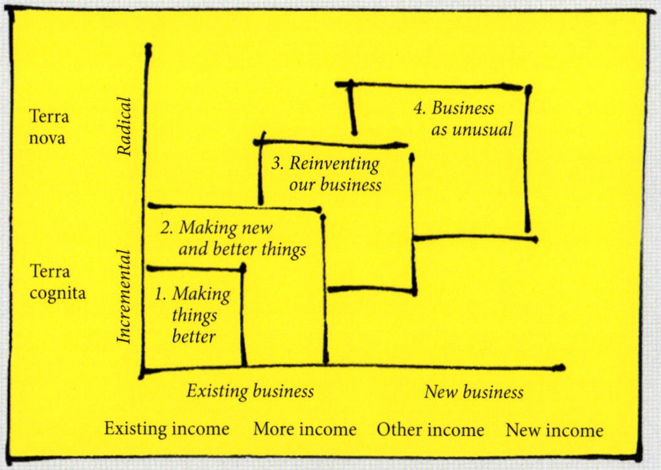


*Verschiedene Formen der Innovation – auf unterschiedlichem Disruptionslevel*

*Nach Paul Louis Iske, Combinatoric Innovation, Maastricht 2016*

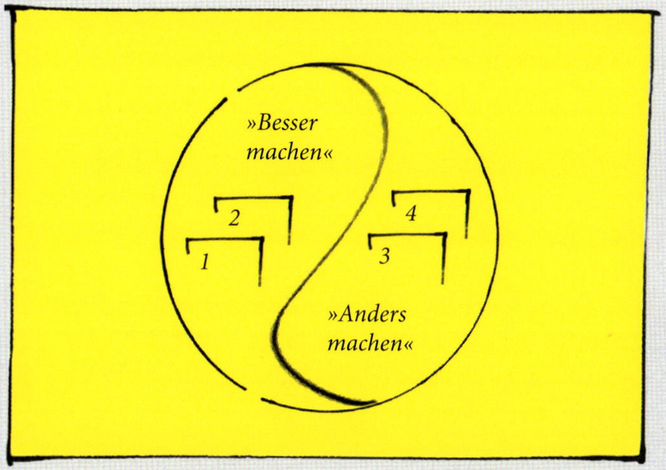


*Das Yin und Yang von »anders machen« und »besser machen«*

### Drei Essentials

1. *Elementares:* Was brauchen Sie in jedem Fall für eine gute Strategie? Eine Vorentscheidung, auf welche Felder Sie sich konzentrieren wollen. Darauf aufbauend: gute Ideen, eine gute Mannschaft und finanzielle Ressourcen. Oliver Samwer nennt das »die drei Zutaten«, um einen »guten Kuchen zu backen«. Dem ist kaum etwas hinzuzufügen.
2. *Nutzerzentrierung:* Von den Nutzern und ihren Bedürfnissen ausgehen ist das A und O. Haben wir präzise und zugleich einfühlsam genug beobachtet? Verstehen wir, wie die Kundin oder der Kunde fühlt? Was stört? Was ist zu viel, zu teuer, zu umständlich, steht herum (etwa Intermediäre, die gar nicht mehr benötigt werden)? Wie gestalten wir die Benutzerschnittstelle(n)? – Das sind Kernfragen, von Anfang an.
3. *Den entscheidenden Punkt treffen:* Manche sprechen von den »Pain Points«. Andere von neuralgischen Punkten. Den entscheidenden Punkt zu treffen und zu überraschen, ist die Herausforderung. Darin sind sich gute Strategen aller Zeiten einig. Napoleon soll einmal gesagt haben: Die strategische Kunst besteht darin, »auf dem Punkt, wo der Feind angegriffen wird oder angreift, stets mehr Mannschaft als der Feind zu haben«. Das geht nur, wenn man vorausahnt, wo dieser Punkt liegen könnte, und wenn man in der Lage ist, die eigenen Kräfte zu konzentrieren. Das ist die Aufgabe.

## Die Aufgabe

Disruptive Thinking benennt einen dieser Punkte. Es ist die Einfachheit. Die gute, durchdachte, überraschende Einfachheit, vor allem an der Kundenschnittstelle. »Be surprisingly simple!«

Wenn es Ihnen gelingt, Lösungen zu entwickeln, die diesen Punkt treffen und dadurch für den Nutzer einen wirklichen Wert schaffen, besteht eine große Chance, dass Sie Disruptionen von anderen zuvorkommen oder selbst disruptiv wirken.

Hier treffen sich die Aufgaben der digitalen Transformation und der kreativen Revolution: Die digitale Transformation versteht unter »Einfachheit« vor allem Effizienz. Sie ist angetreten, überall Effizienzlücken zu schließen. Durch die Nutzung und Verwertung von Daten, durch künstliche Intelligenz, durch einfachere, zum Beispiel sprachgesteuerte Anwendungen.

Die kreative Revolution hat noch bewusster den sozialen Aspekt der Einfachheit im Sinn: Sie will es für den anderen leichter machen. Sie verwandelt das, was uns nervt, in das, was uns freut. Sie ist bestrebt, »Freundlichkeitslücken« zu schließen: Nutzerfreundlichkeit, Kundenfreundlichkeit, Umweltfreundlichkeit.

Den letzten Gesichtspunkt können wir auch gesondert ins Auge fassen. Er ist von besonderer Relevanz für uns alle und für unsere Zukunft: Die ökologische Umwälzung zielt darauf, Kreisläufe zu schließen.

Das zeigt das nebenstehende Schaubild. Vielleicht regt es Sie an, Ihr eigenes Bild zu entwickeln? Und das in einer Geschichte zusammenzufassen, die sich weitererzählen lässt?

## Die strategische Aufgabe: das Venn-Diagramm des Disruptive Thinking

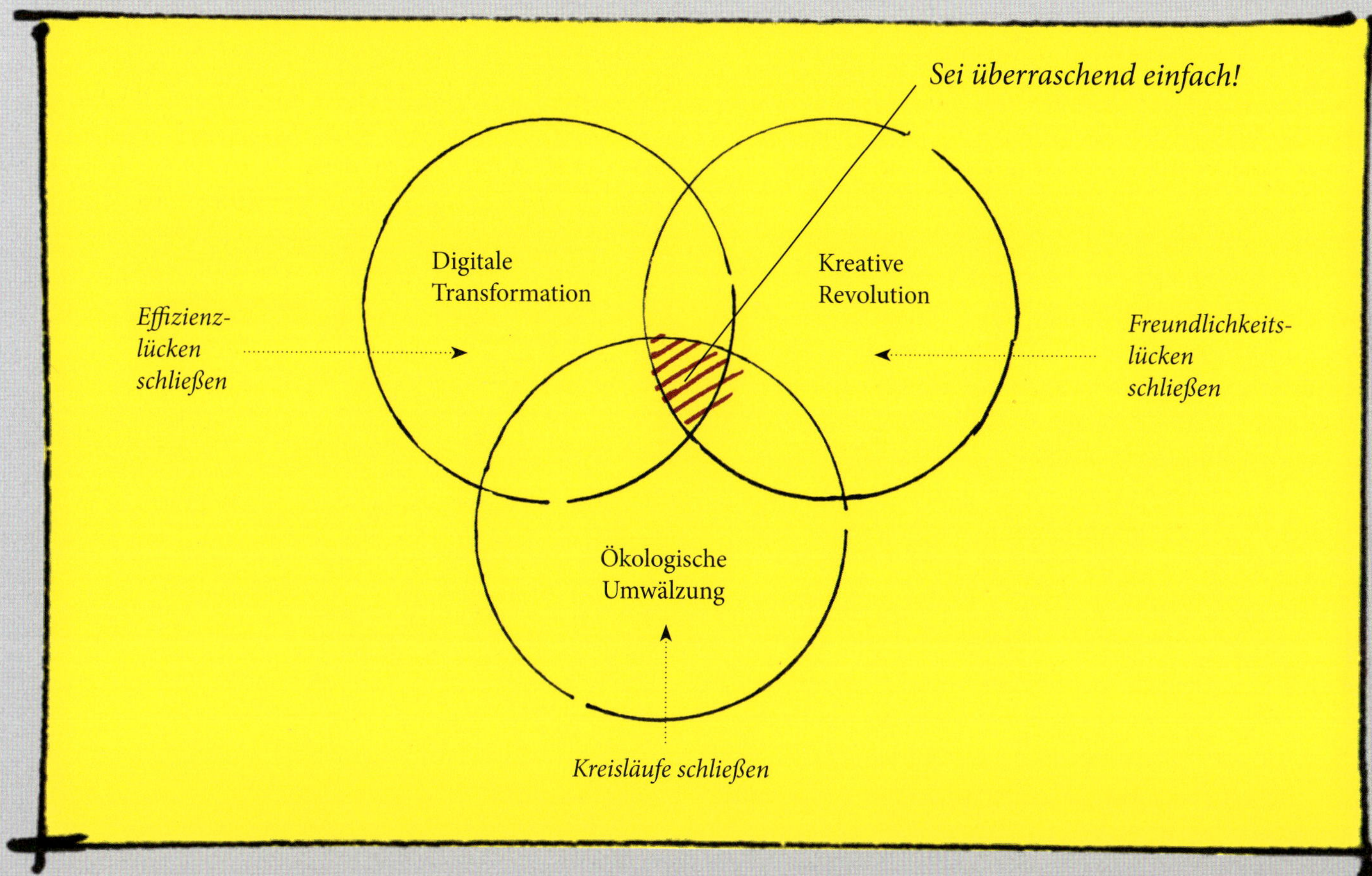

## Das Kriterium der Einfachheit

Digitalisierung kann natürlich viel mehr. Sie sorgt für Transparenz und für das rasche Sichzurechtfinden. Sie ermöglicht den Zugriff auf jede Menge Daten, Informationen, Filme, Spiele, Waren etc. Und das zunehmend individualisiert, auf uns persönlich zugeschnitten, mit einer unauffällig arbeitenden KI im Hintergrund. Doch gerade weil sie so viel ermöglicht, ist Einfachheit die Herausforderung. Denn alle sind ständig in der Versuchung, noch irgendein Feature dazuzupacken. Aber die Kunst besteht im gekonnten Weglassen. Less, but better.

Das ist die Aufgabe des Designs – in der strategischen Arbeit, in der Produktentwicklung, in der Servicegestaltung, in der Formung von neuen Geschäftsmodellen. Gerade wenn es um die Schnittstellen geht, um die User-Interfaces und um das Nutzenversprechen. Es ist die Aufgabe der kreativen Revolution, die Dinge freundlicher zu machen. Für den Nutzer, den Konsumenten, den Bürger und nicht zuletzt für unsere Umwelt.

Sie werden fragen: Kann man das lernen? Ja, man kann es. Wir können es. Aber nicht mit einem schnellen Blick in eine App. Wir lernen durch vergleichende Beobachtungen und Übung. Irgendwann spüren wir, ob etwas eine gute Form hat oder nicht. Gute Einfachheit fühlt sich gut an. Sie ist rund. Sie spricht unsere Sinne an. Sie erreicht uns emotional. Sie ist ein Paradox: sehr reich und doch ganz reduziert. Überraschend einfach.

Ich habe dafür zwei Beispiele skizziert. Finden Sie mindestens drei weitere. Werfen Sie anschließend einen Blick auf das Tool auf der gegenüberliegenden Seite. Vielleicht kennen Sie es schon? Ich habe es mittig mit drei Worten ergänzt. Das ist die strategische Herausforderung!

*Die Schönheit der Einfachheit*

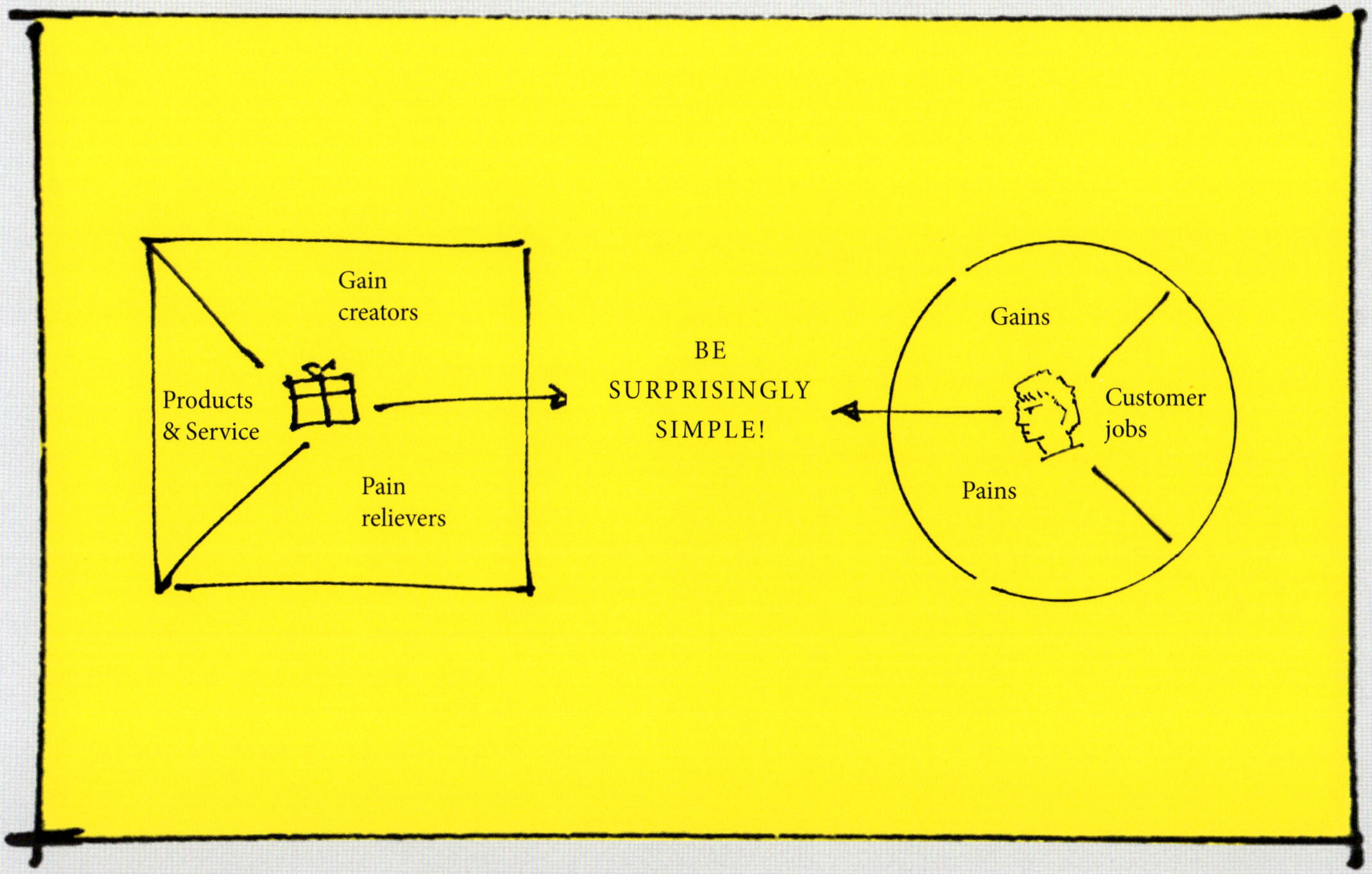


*Das Value-Proposition-Modell von Alex Osterwalder, co-kreativ ergänzt*

## Simplicity – on the other side of complexity

Simplicity – wie geht das? Ein großes deutsches Unternehmen hat mir vor ein paar Jahren genau diese Frage gestellt. Die Frage war nicht trivial. Ich habe dazu ein strategisches Papier und eine praktische Anleitung geschrieben. Und anschließend zusammen mit Kolleginnen und Kollegen mehrere Workshops für das Topmanagement durchgeführt. Unterstützt durch eine Visualisierung, die Sie gegenüber sehen.

Eine der Grunderfahrungen, die ich weitergeben kann, lautet: Einfachheit, wohlverstandene Einfachheit ist kein Ding, sondern ein Prozess bzw. das Ergebnis eines Prozesses. Für jeden Einzelnen und noch mehr für die gesamte Organisation. Denn gute Einfachheit liegt nicht diesseits, sondern jenseits der Komplexität.

»I would not give a fig for the simplicity this side of complexity, but I would give my life for the simplicity on the other side of complexity«, so Oliver Wendell Holmes Jr.

## Einsparen, erleichtern, Freude machen

Die knifflige Aufgabe heißt: einsparen, erleichtern, Freude machen. Dabei Alltagserleichterungen schaffen. Das nebenstehende Tafelbild gibt Ihnen dazu eine erste Orientierung. Verbunden mit einigen »einfachen« Einfachheitsregeln. Wenn Sie sich diese einprägen und spielerisch beginnen, im Alltag damit zu arbeiten, sind Sie auf dem Weg zum disruptiven Könner. (Vielleicht. Oder schon sehr nahe dran.)

**Wohlverstandene Einfachheit ...**

... ist eine Haltung – der Achtsamkeit, des Fragens, des Zuhörens, des Beobachtens,

... ist eine Sache der Form – nichts steht herum oder im Weg, alles ist rund,

... ist ein Ethos – ich gebe mir Mühe, damit andere es leicht haben,

... ist gutes Zusammenspiel – im Dialog und im Fluss sein,

... muss dem anderen Freude machen – es fühlt sich gut an und ergibt Sinn,

... bedeutet üben – und damit anfangen im Alltag.

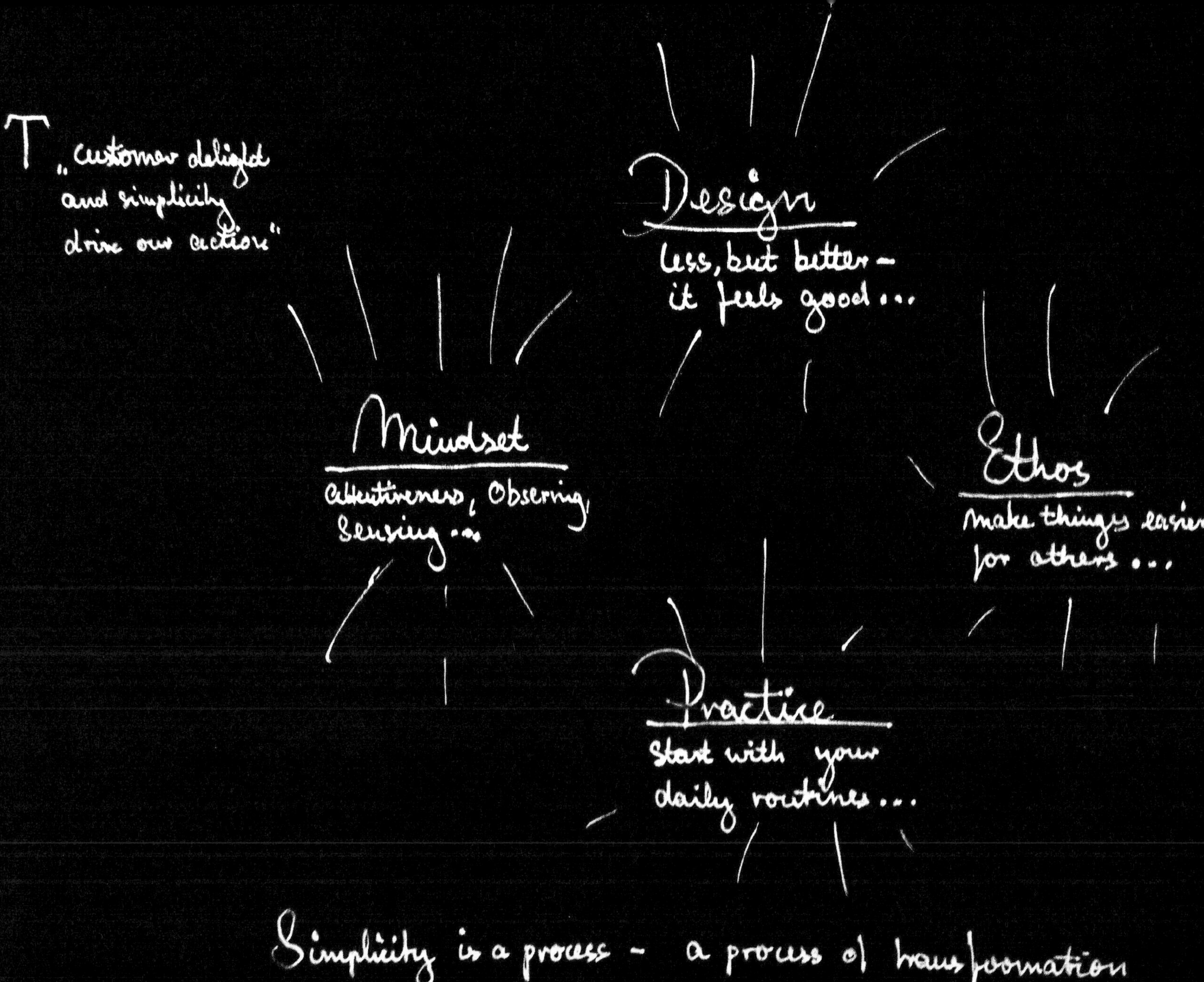
T „customer delight and simplicity drive our actions"
Design
less, but better – it feels good ...
Mindset
attentiveness, Observing, Sensing ...
Ethos
make things easier for others ...
Practice
Start with your daily routines ...
Simplicity is a process – a process of transformation

## Der T-Canvas: ein mächtiges Tool, eine wirksame Methode

Widersprechen, bevor Widersprüche zerstörend wirken; den Angreifer spielen, bevor Sie von anderen angegriffen werden; spielerisch disruptive Ideen entwickeln, bevor Sie davon ernsthaft überrascht werden. Das ist der Sinn und Zweck des hier beschriebenen Tools und der dahinterstehenden Methode (die Sie auf der Folgeseite visualisiert finden).

Der T-Canvas hilft Ihnen dabei, aus den bisherigen Rastern und Denkgewohnheiten auszubrechen (Stichwort »9-Punkte-Problem«; siehe S. 48) und Widersprüche produktiv zu machen. In drei Schritten: erstens Grundannahmen infrage stellen, zweitens den Angreifer spielen und Widerspruch formulieren, drittens auf die Metaebene wechseln, kombinieren.

Der T-Canvas steigert Ihr kreatives und innovatives Potenzial und zugleich die Realitätstauglichkeit der gefunden neuen Ideen, weil er …

- … dazu ermuntert, radikale Ideen zu denken,
- … Widersprüche – und damit Widerstände – von Anfang an mitdenkt,
- … das Thema Kombinationen auf die Agenda setzt.

Er hilft uns, Dilemmasituationen zu antizipieren und möglicherweise in solchen Situationen besser zu agieren:

Sie können ausschließlich bei der bisherigen Grundannahme bleiben – das »Entweder«. Das ist nicht zu empfehlen.

Sie können dazu eine radikale Alternative entwickeln. Das »Oder«. Das ist der erste, entscheidende Schritt heraus aus dem bisherigen Raster, der »Konformitätszone«. Sie bekommen im wahrsten Sinne des Wortes Alternativen in den Blick. (Siehe hierzu auch die Abbildung »Der schwarze Strich« in Kapitel I, S. 44.)

Aber mit diesem Schritt allein ist es meist nicht getan. Sich aus einem Dilemma herausbewegen heißt, sich von ihm zu lösen und sich auf eine Metaposition zu begeben. (Das ist etwas anderes als ein Kompromiss auf der gleichen Ebene.) Auf der Metaebene gibt es verschiedene Möglichkeiten: eine völlig neue Kombination, zum Beispiel eine Hybridposition (»sowohl als auch«), entwickeln oder etwas ganz anderes erfinden (»weder noch«).

Wer »Hybrid« liest, denkt vermutlich gleich an Hybridautos. Die Automobilindustrie ist denn auch ein Paradebeispiel für die (ergriffenen oder nicht ergriffenen) Möglichkeiten, sich in einer Dilemmasituation zu entscheiden.

Der T-Canvas zeigt auf spielerische, gleichsam organische Weise auf, wie Sie diese Möglichkeiten durchspielen können. Die Form des T hilft Ihnen dabei.

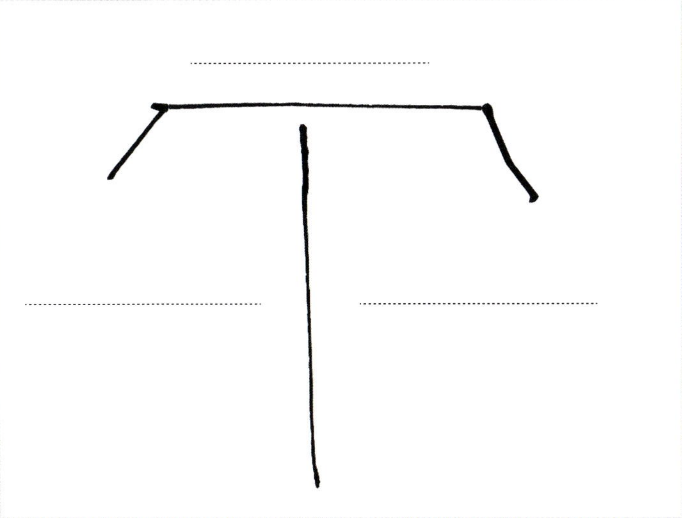

## Einsatzvarianten

So können Sie den T-Canvas einsetzen:

- als Kernmodul in einem Disruptive-Thinking-Workshop
- als eigenständiges Modul in Ihrer strategischen Arbeit
- als ein ergänzendes Modul in laufenden Innovationsprojekten

Oder im Design-Thinking-Prozess. (Hier würde ich die Arbeit mit dem T-Canvas flankierend zu den Schritten 2 bis 4 der sechs Schritte des Design Thinking einbauen.) Nutzen Sie dabei Ihre »Insights« der Nutzerbedürfnisse und kontrastieren Sie diese mit den bisherigen Grundannahmen Ihrer Organisation. Das schärft den Blick. Vielleicht haben Sie damit bereits die Grundidee Ihrer künftigen Lösung in der Hand?

## Tipps zur Anwendung

Wenn Sie den T-Canvas als Modul in einem Workshop einsetzen, empfiehlt sich das folgende Setting: Bilden Sie drei oder vier gemischte Teams mit jeweils fünf bis sechs Teilnehmern. Nach der ersten Runde wechseln die Teilnehmer die Tische. Nur eine Person bleibt sitzen, die die nächste Gruppe empfängt und diese in das bisher Erarbeitete kurz einweist (ähnlich wie bei einem World-Café). Am Ende der drei Runden kommen die Teams zusammen, besprechen ihre Arbeitsergebnisse und vereinbaren die Folgeschritte. Denn dieses Format kann nur der Auftakt sein, um die gefundenen Ideen zu vertiefen.

Sie können den T-Canvas auch in den späteren Phasen der Arbeit immer wieder nutzen, wenn Sie Widersprüche aufspüren oder auch drohende Widerstände antizipieren wollen – etwa wenn es darum geht, Ihre Lösung in einem schwierigen Umfeld einzuführen und positive Resonanz zu erzeugen.

## Der T-Canvas

.........................................................

(META, KOMBI, HYBRID)

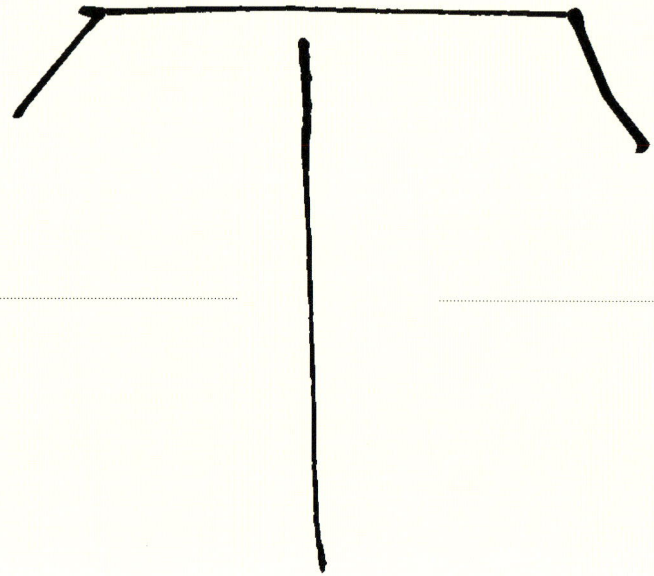

.......................................... ..........................................

DIE GRUNDANNAHMEN

..........................................................................

..........................................................................

..........................................................................

..........................................................................

....................................................

ERSTER SCHRITT:

GRUNDANNAHMEN FORMULIEREN

Formulieren Sie bitte drei bis fünf gängige Grundannahmen für Ihr Geschäft oder Ihre Tätigkeit – mit Blick auf Ihre Kundengruppen, mit Blick auf Innovationen etc. Zum Beispiel:

- Die Kunden wollen …
- Innovationen kommen …

Schreiben Sie diese Grundannahmen in das dafür vorgesehene freie Feld.

Anschließend Wechsel der Tische.

Zeit: 5 Minuten allein, 10 Minuten im Team.

ZWEITER SCHRITT:

DEN ANGREIFER SPIELEN, WIDERSPRUCH FORMULIEREN

Wählen Sie von den Grundannahmen eine aus, die Sie für besonders relevant halten. Übertragen Sie diese Grundannahme in das freie Feld auf die linke Seite. Formulieren Sie dazu spielerisch eine gegenteilige Meinung. Spielen Sie den Angreifer. Schreiben Sie diese Gegenposition in das freie Feld auf die rechte Seite des »T«.

Schauen Sie sich das Spannungsfeld der beiden Positionen in Ruhe an – ohne zu werten.

Schreiben Sie Ihre Assoziationen wie bei einem Mindmap einfach irgendwo in den T-Canvas. Anschließend Wechsel der Tische …

DRITTER SCHRITT:

AUF DIE METAEBENE WECHSELN, KOMBINIEREN

Schauen Sie noch einmal auf die beiden Seiten: Auf welche neuen Ideen bringt Sie das: Was können Sie kombinieren? Gibt es eine Metapher für das, was Ihnen vorschwebt? Schreiben oder visualisieren Sie Ihre Ideen in das Feld oberhalb des »T«, auf die Metaebene.

Anschließend ein Blick auf das Ganze: Bringt Sie das auf eine neue Lösung? Was wäre als Nächstes zu tun? Skizzieren Sie ein paar Stichworte auf die obere Hälfte Ihres T-Canvas. Zum Abschluss: Alle Teams begutachten die Ergebnisse: Was können wir daraus zusammen machen?

## Tipps zur Vertiefung

Zur Vertiefung des Themas Kreativität und Widerspruch empfiehlt sich auch das Studium der TRIZ-Methode, die auf wichtige Aspekte der erfinderischen Problemlösung zielt. Hier ist die Analyse von Widersprüchen ein zentraler Faktor der Ideenfindung. (Diese Methode angemessen und kritisch zu würdigen, würde ein eigenes Kapitel erfordern. Für einen ersten Überblick verweise ich auf die Einführung unter https://karrierebibel.de/triz-methode/.) Das radikal neue Antriebssystem »Galaxie« des Innovationsführers Wittenstein aus Igersheim, das für den deutschen Zukunftspreis 2018 nominiert wurde, geht zum Beispiel auf eine Idee zurück, die mit der TRIZ-Methode entwickelt wurde.

Zu empfehlen ist auch die gute Web-Applikation www.designpilot.io, die versucht, das Thema Widersprüche operationalisierbar zu machen.

Wer darüber hinaus an einer systemisch-logischen Vertiefung der Dilemmaproblematik interessiert ist, sollte das »Tetralemma«-Modell von Insa Sparrer und Matthias Varga von Kibéd zur Hand nehmen.

## Postdigital – ein Gedankenexperiment

Neulich habe ich einen Gastvortrag im Google-Headquarter in Zürich gehalten. Vor mir sprach ein führender Kopf von Google u. a. über das Zukunftsthema des Quantencomputers. Was er ausführte, war faszinierend. Dabei sprach er nicht über Interna, sondern über bekannte, längst in wissenschaftlichen Zeitschriften und im Internet kommunizierte Entwicklungen. Ich habe mir im Anschluss einige Fragen gestellt – die ich jetzt an Sie weitergebe:

Können wir uns vorstellen, was das heißt, einen Computer auf der Basis der Quantentheorie zu entwickeln? Widerspricht das nicht vielen unserer Grundannahmen? Was bedeutet es, wenn wir nicht mehr digital, also mit Bits, mit »binary digits« arbeiten? Sondern postdigital, mit Qubits und mit Superpositions? Das scheint irgendwie schwierig, fremd, widersprüchlich. Wie die ganze Quantenphysik. Aber Quantencomputer werden manche Aufgaben in der Grundlagenforschung viel schneller lösen können als herkömmliche Computer, wenn sie eines Tages über Augenblicke hinaus stabil und fehlerfrei funktionieren sollten. Das kann schon bald sein.

Und was bedeutet diese bahnbrechende Technologie für die Art und Weise, wie wir denken? Was bedeutet das für unsere Organisationen, unsere Institutionen? Heute? Und morgen? Sind wir darauf eingestellt?

Denken Sie darüber einen Moment nach. Allein, mit Freunden, in Ihrem Team. Vielleicht nutzen Sie dabei den T-Canvas.

## Think cross: den Cross-Industry-Ansatz nutzen

»Cross-Industry« heißt, branchenübergreifend und kooperativ vorzugehen und dadurch innovative Lösungen zu finden. Zu oft schmoren wir nur im eigenen Saft. Selbst wenn wir »Open Innovation« betreiben. Wir laden andere ein, über den Tellerrand zu blicken – in unsere Küche und Stube. Aber wir selbst bewegen uns zu selten nach draußen.

Können wir dies ändern? Das ist eine der Kernfragen der strategischen Herausforderung.

Ich glaube, es ist eine große Chance. Das gegenüberliegende Bild zeigt andeutungsweise, welche Möglichkeiten im Cross-Over zwischen den Branchen und Sektoren stecken. Und das ist nur die Grundstruktur, die Sie beliebig verschieben, anreichern und neu kombinieren können. Überlegen Sie einmal, wie viele überraschende Konstellationen diese Struktur birgt. Stellen Sie sich dazu drei Fragen:

- Wie kommen wir ins Gespräch?
- Was können wir voneinander lernen?
- Wie können wir unser Innovationspotenzial gemeinsam steigern?

»Think cross« heißt: die ganze Vielfalt von Erfahrungen und Kompetenzen aus anderen Bereichen nutzen. Menschen und Ideen zusammenbringen. Und zugleich brennpunktartig den Lern- und Erfahrungsaustausch zwischen einzelnen Akteuren fördern. Die Pluspunkte:

- Der Cross-Industry-Ansatz ist gerade für Mittelständler besonders attraktiv.
- Er hilft, durch Kooperation Stärken zu stärken und mögliche Schwächen auszugleichen.
- Er bietet neue, vernetzte Ansätze für Lernen und Innovation durch Kombinationen.

Ich werde manchmal gefragt: Was verstehen Sie unter Kombination? Meine Antwort lautet: Schauen Sie einmal genau hin, was viele der bahnbrechenden Innovationen der letzten Jahre und Jahrzehnte auszeichnet. Es sind Kombinationen aus verschiedenen Technologien und Komponenten: vom Internet bis zum selbstfahrenden Automobil. Von Uber über Flixbus bis Airbnb.

Auch dass die nächste Chiptechnologie für Samsung, Intel & Co. aus Europa kommt, ist das Ergebnis einer Kombination und Cross-Industry-Innovation. Vermutlich eine disruptive Innovation. Da haben sich drei Unternehmen mit unterschiedlichen Kompetenzen zusammengetan: Zeiss, Trumpf und ASML. Das ist so, als ob sich die niederländische und die deutsche Nationalmannschaft zusammengetan hätten, um World Champion zu werden.

Bleiben Sie nicht allein. Denken Sie in Ökosystemen und erweitern Sie Ihre Netzwerke. Wagen Sie bislang undenkbare Kombinationen und Kooperationen. Das »und« ist das Entscheidende. Wer dieses »und« beherrscht, dem gehört die Zukunft.

Ein Tipp: Nutzen Sie bereits bestehende Netzwerke für die Kontaktaufnahme. Vertrauen Sie auf überraschende Passungen. Oder suchen Sie sich Partner, die sich auf das Thema Cross-Industry spezialisiert haben und das »Matching« als ihren Auftrag ansehen.

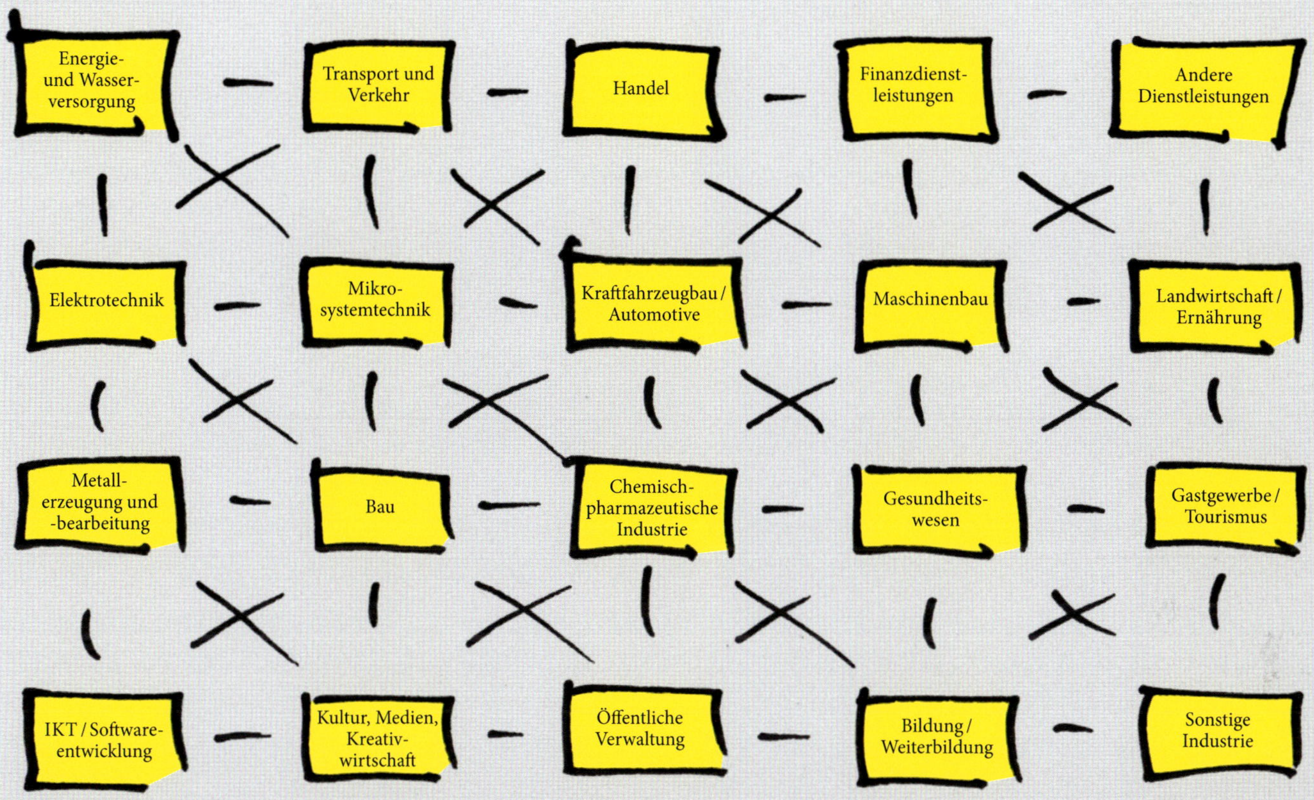


*Die Felder zeigen relevante Branchen in Deutschland und Mitteleuropa. Die Struktur ist niederländischen Ursprungs und geht zurück auf Nico H.G. Baken, University of Delft, und Paul Louis Iske, University of Maastricht, siehe auch das Buch »Combinatoric innovation. Navigating a complex world« von Paul Louis Iske (Maastricht 2016, S. 175 ff.).*

## Innovation happens elsewhere

Haben Sie schon mal von der Fahrschule Fischer gehört? Mit Sitz in Gera, Thüringen? Gera ist sicher keine Metropole und kein Zentrum für automobile Innovation. Noch nicht. Aber Mike Fischer ist einer der abgefahrensten Innovatoren, die ich kenne. Weil er Grundannahmen auf den Kopf stellt. Vom ersten Fahrschulinternat Deutschlands über die Einbindung von YouTube-Stars in sein Konzept (eine Idee seiner Auszubildenden) bis hin zur Gründung des ersten Instituts für autonomes Fahren im deutschsprachigen Raum. Werfen Sie selbst auf www.mike-fischer.com einen Blick in das »Fischer-Dorf«.

Oder Mittweida. Kennen Sie Mittweida? Eine deutsche Innovationsregion mitten in Sachsen mit einer innovativen kleinen Hochschule, die europaweit Brücken baut. Building Bridges lautet eine ihrer »human conferences« (siehe www.buildingbridges-mw.de). »Innovation ist wie Sport. Das geht nur gemeinsam«, sagt Leonhard Zintl, der als Vorstand der Volksbank im Bündnis mit anderen schon einige Grundannahmen auf den Kopf gestellt hat. So ist Mittweida 2019 die deutsche Schaufensterregion für das Thema Blockchain geworden ist. Einige der führenden Blockchain-Experten sind schon da. Wie Christoph Jentzsch, der gerade dabei ist, ein »Universal Sharing Network«, eine Plattform für die Sharing-Economy, aufzubauen.

## Mut haben, Gaps zu überwinden

Skateboarder und Snowboarder gehören zu denen, die Mut – und Spaß daran – haben, Gaps zu überwinden. Ich finde, in der Innovationsarbeit haben wir im übertragenen Sinn oft auch einige Gaps zu überwinden. Drei der entscheidenden sind (nach meiner Beobachtung) diese:

1. Widersprüche produktiv machen.
2. Überraschend einfach sein.
3. Vernetzung weiter denken.

## Die drei Gaps, die es zu überwinden gilt

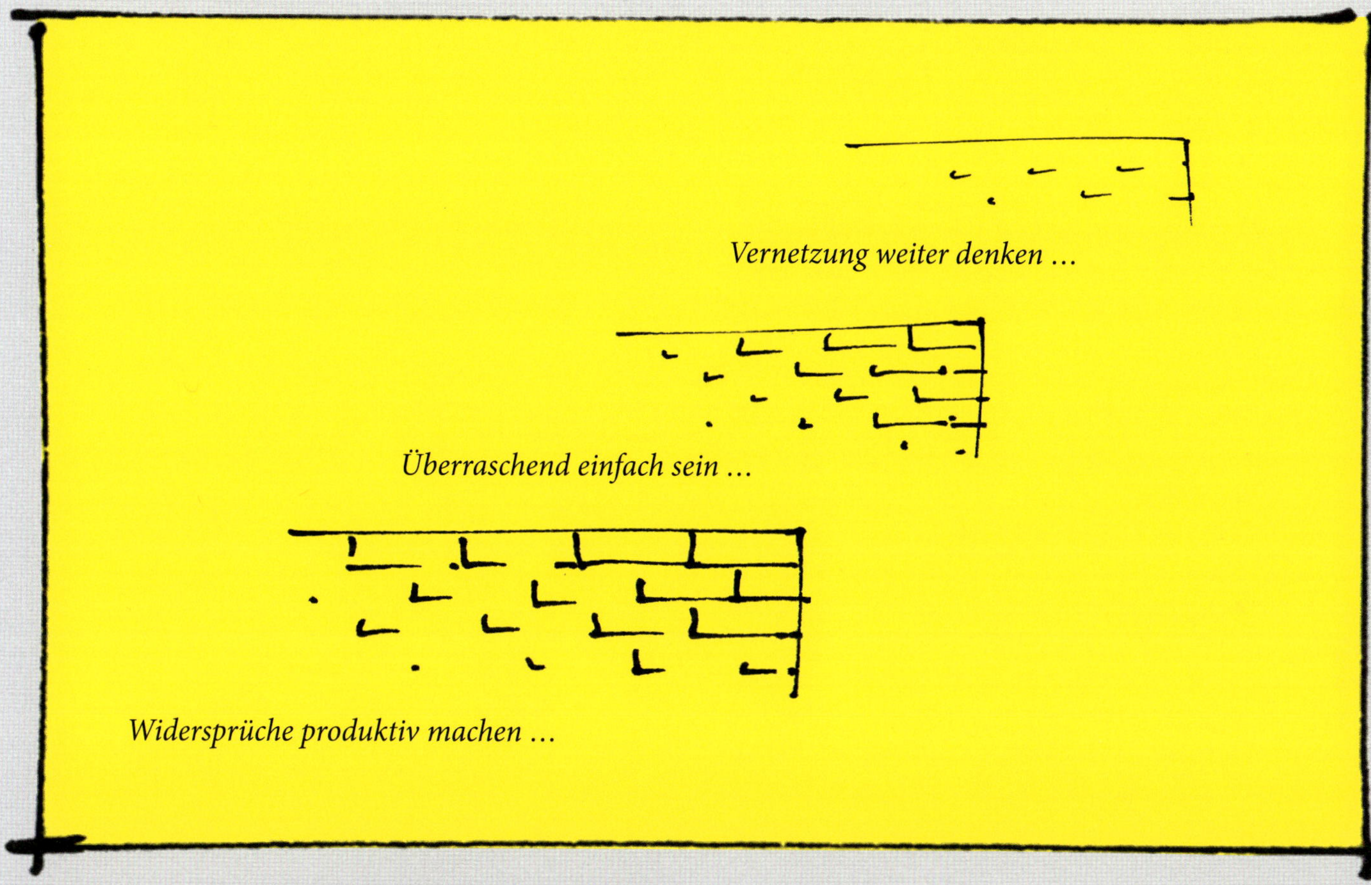


Woran zu arbeiten ist – drei disruptive strategische Fähigkeiten

1. *Widersprüche* produktiv machen – Grundannahmen infrage stellen
2. Überraschend *einfach* sein – Technologie und Design von Anfang an zusammenbringen
3. *Vernetzung* weiter denken – Plattformen schaffen, Cross-Industry-Ansätze verfolgen

## Missing Links – Menschen und Ideen zusammenführen

Es gibt Strategen, die sich mit Innovation beschäftigen. Und es gibt Innovatoren, die strategisch arbeiten – geschlechterübergreifend und generationsübergreifend.

Manche haben noch in der »alten Welt« gelernt, zum Beispiel bei Peter F. Drucker oder bei Fredmund Malik. Das waren gute Schulen. Mit guten Methoden und Modellen. Manche sind in der »neuen Welt« ganz anders geprägt: experimenteller und »exponentieller«, visueller, designorientierter, spielerischer, kollaborativer. Sie sind durch Schulen des Design Thinking oder kalifornischer Start-ups gegangen.

Ich weiß nicht, wo Sie sich eher sehen. Ich weiß nur, dass wir beide Sichtweisen in unseren Organisationen brauchen. Vielleicht auch noch ein paar andere.

Zum Abschluss dieses Kapitels entscheide ich mich deshalb dafür, Ihnen zwei Modelle zu empfehlen für den Fall, dass Sie Ihre strategischen Überlegungen und die Ergebnisse Ihrer experimentellen Arbeit bündeln und zusammenfassen wollen.

Das eine geht zurück auf Peter Drucker. Es sind die berühmten fünf entscheidenden Fragen des Managements, neu sortiert.

Das andere ist das »Innovation Board« von Dark Horse, bestehend aus den drei Dashboards »Explore, Create, Evaluate«.

Beide sind nützlich und praktisch. Ich schlage jedoch vor, in beiden Fällen die Modelle mit den hier vorgestellten Kernfragen der strategischen Herausforderung zu verbinden: Es sind die Missing Links, die Bindeglieder des Disruptive Thinking.

## Die fünf entscheidenden Fragen nach Peter Drucker …

*… und die Bindeglieder des Disruptive Thinking*

Was ist unsere Mission?

Wer ist unser Kunde?

*Machen wir Widersprüche produktiv?*

Worauf legt der Kunde Wert?

*Sind wir überraschend einfach?*

Was ist unser Plan?

*Sind wir vernetzt genug?*

Was sind unsere Ergebnisse?

## Die drei Felder des »Innovation Board« von Dark Horse …

*… und die Bindeglieder des Disruptive Thinking*

Explore
Von Trends bis Touchpoints …

*Machen wir Widersprüche produktiv?*

Create
Von Ideenbeschreibung bis Value Proposition

*Sind wir überraschend einfach?*

Evaluate
Von Value Proposition Score bis KPIs

*Sind wir vernetzt genug?*

»In dem Augenblick, in dem man sich endgültig einer Aufgabe verschreibt, bewegt sich die Vorsehung auch. Alle möglichen Dinge, die sonst nie geschehen wären, geschehen, um einem zu helfen. Ein ganzer Strom von Ereignissen wird in Gang gesetzt durch die Entscheidung, und er sorgt zu den eigenen Gunsten für zahlreiche unvorhergesehene Zufälle, Begegnungen und materielle Hilfen, die sich kein Mensch vorher je so erträumt haben könnte. Was immer du kannst, beginne es. Kühnheit trägt Genius, Macht und Magie. Beginne jetzt.«

»Co-Kreation«: Johann Wolfgang von Goethe, John Anster, William Hutchison Murray

*»A new historical narrative:*
*Disruptive challenges posed to established hierarchies*
*by networks.«*

Niall Ferguson

*»Wenn der Wind der Veränderung weht,*
*bauen die einen Mauern und die anderen Windmühlen.«*

Chinesisches Sprichwort

*»Sobald das Leid groß genug ist, geht es vorwärts.«*

Hermann Hesse

*»Du weißt,*
*wie man richtig spielt.*
*Jetzt spiel falsch.*
*Und mach das richtig.«*

Thelonious Monk

# III. Gratwanderung

## Die organisationale Herausforderung

»Break routines!«

## Organisationen im Widerspruch

Überall, in fast allen Organisationen, die ich kenne, heißt es: Wir wollen kreativer und innovativer werden. Das ist verständlich. Kaum jemand will sich mehr allein auf die Leistungen der Innovationsabteilung oder des angegliederten Start-ups verlassen. Alle spüren: Die Veränderungsgeschwindigkeit ist so hoch, dass die gesamte Organisation in der Lage sein muss, besser auf Veränderungen zu reagieren, sie vielleicht sogar zu antizipieren. Der Slogan »Disrupt or be disrupted!« scheint seine Berechtigung zu haben. Lässt er sich nicht auch auf die eigene Organisation beziehen? Halb als Ansporn, halb als noch spielerisch verstandenes Bedrohungsszenario?

Doch was den Wunsch, »innovativer zu werden«, begründet, verhindert zugleich oft, dass er in die Tat umgesetzt wird. Denn: Mitarbeiter und Management stehen unter permanentem Druck. Es ist alles schneller geworden. Es gilt, immer schneller zu reagieren und möglichst schnell Ergebnisse zu erzielen. Effizienz, Operational Excellence, Steigerung der Performance. Das sind die Treiber des Alltags.

Dass der Begriff der Performance im Management aus der Welt der IT stammt, macht den ursächlichen Zusammenhang deutlich: Gute Performance bringt das richtige Ergebnis schneller. Bei den digitalen Maschinen ist das selbstverständlich. Es ist technologieinhärent. Organisationen eilen meist hinterher. Keine Zeit zu jeder Zeit. Dabei sind alle durchgetaktet. Möglichst viele Abläufe werden in Routinen gegossen. Denn nur durch Routinisierung scheint die geforderte Performance erbracht werden zu können.

So stehen sich zwei Bestrebungen diametral gegenüber: hier der Performancedruck, dort der Innovationswunsch.

## Keine Chance

Nach meiner Beobachtung spricht gerade in großen, etablierten Organisationen in der Regel vieles dafür, dass der Wunsch den Kürzeren zieht. Der Druck ist stärker. Er ist auch schon so verinnerlicht, dass sich kaum jemand im Alltag dagegen auflehnt. Hinzu kommt: Die Ziele, die Spielregeln und die Bewertungssysteme sind meist auf Effizienz und »Execution« ausgelegt. So sind wir über kurz oder lang im Hamsterrad. Und da kommen wir so schnell nicht wieder raus. Wenn wir aber im Hamsterrad sind, haben wir keine Chance, etwas Neues zu entwickeln. Wir müssen Stopp sagen.

S T O P P

Wer im Routinemodus ist und fokussiert seine Runden dreht, ist im Normalfall nicht in der Lage, sich kreativ etwas Neues, gar radikal Neues auszudenken. Sie können noch so viel appellieren – es wird nicht funktionieren.

**Stopp sagen**

Es gilt, Routinen und Gewohnheiten zu brechen, zu unterbrechen, und sei es zunächst nur für einen Augenblick. Das ist eine der wichtigsten Aufgaben von Führung in dieser Zeit.

Anders ausgedrückt: Wenn Sie partout wollen, dass nichts Neues entsteht, achten Sie peinlich genau darauf, dass niemand aus den vorgegebenen Routinen ausbricht, und verschwenden Sie kein unnötiges freundliches, anerkennendes Wort für selbstständiges Denken.

Positiv gewendet: Loben Sie, was das Zeug hält, wenn jemand wirklich out of the box denkt, widerspricht und Bestehendes infrage stellt. Gerade in dieser Zeit der Vernetzung.

Und damit komme ich zu einer weiteren Skizze dieser Zeit der digitalen Transformation & kreativen Revolution:

**Alte Welt – neue Welt**

*Silos, Abteilungen: schwerfällig, langsam* *Netzwerke, Verknüpfungen: innovativer, agiler*

*Nach Ulrich Weinberg, Network Thinking*

## Von der alten Welt in die neue Welt

Auf der linken Seite dieses Denkbildes sehen Sie das Ordnungsmuster, das uns in Fleisch und Blut übergegangen ist. So haben viele zum Beispiel ihr Wissen sortiert: von A bis D, von E bis H und so weiter.

Ulrich Weinberg, auf den diese Grafik zurückgeht, nennt es »das Brockhaus-Denken«. Auch unsere Organisationen sind traditionell davon geprägt. Das sind die Funktionsbereiche, Einheiten, Abteilungen. Manchmal sagt man auch »Silos« dazu.

Auf der rechten Seite sehen Sie ein anderes Muster, eine ganz andere Struktur. Sie mag hier in der Skizze ein wenig chaotisch wirken, auch im Vergleich zur »geordneten Ordnung« auf der anderen Seite. Aber ihr Siegeszug ist in vielen Bereichen unbestritten. Wir nennen sie »Netzwerk«.

## Was meint das?

Netzwerke, Vernetzung – »so what?«, könnte man einwenden. Was ist das Besondere daran? Das Besondere daran ist unsichtbar. Es liegt in den Verbindungen: Netzwerke sind wie geschaffen für Kreativität, für Innovationen, für die Entstehung von Neuem. Ob virtuell oder real: Überall auf der Welt, stündlich, minütlich, sekündlich tun sich Leute zusammen, um gemeinsam irgendetwas zu entwickeln, zu gestalten, zu erfinden. Ohne Rücksicht auf Nationalität, Kultur, Geschlecht, hierarchische Position, Bereichszugehörigkeit. Sie starten einfach irgendetwas.

Nun überlegen Sie einmal, wie lange es dauert, bis in der links skizzierten Struktur der eben gezeigten Skizze etwas Neues auf den Weg gebracht wird. Wie viele Stationen muss man vertikal erklimmen, wie viele Genehmigungen muss man einholen, wie viele »Not invented here«-Abfuhren muss man über sich ergehen lassen, bis endlich das Okay ausgesprochen wird. Wenn überhaupt. Das ist frustrierend und ermüdend. Ein weiterer Grund für manche, lieber weiter im Hamsterrad ihre Runden zu drehen. Oder gleich ganz aus der alten Welt auszusteigen und in die Welt der Start-ups und digitalen Nomaden zu wechseln.

## Vernetzt: smart und agil

Werfen wir noch einmal einen Blick auf die rechte Seite des Bildes: Es ist das Muster, das hinter dem steckt, was wir »smart« nennen. Das ist die technologische Dimension der Vernetzung. Die Spur der digitalen Transformation. Von den »smart devices« über die »smart houses« bis hin zu den »smart cities«.

Es ist zugleich das Muster, das hinter dem steckt, was wir »agil« nennen. Das ist die soziale bzw. organisationale Dimension der Vernetzung. Hier wirkt die kreative Revolution. »Agil« meint: wendig, beweglich, flink, kreativ, und zwar co-kreativ, das heißt im Zusammenspiel, im kollegialen Miteinander, in vernetzten, bunt gemischten Teams, die einen multiperspektivischen Blick ermöglichen.

## Silos geraten unter Druck

Es sind natürlich manche Varianten dieser Skizze denkbar. Sie können zum Beispiel um das Netzwerk noch einen Kreis ziehen. Und/oder in das Zentrum das Wort »Kunde« schreiben, um die Kundenzentrierung besonders hervorzuheben. Manche machen auch aus dem Netz viele kleine Netze und fügen dort Andeutungen von Funktionsbereichen ein, die dann in den kleinen, vernetzten Einheiten integriert sind. Nehmen Sie also die Skizze nur als Ausgangspunkt für Ihre eigene organisationsspezifische Modellierung. Entscheidend ist die Botschaft: Die klassische Silo-Organisation gerät zunehmend und von allen Seiten unter Druck durch die sich ausbreitenden Netzstrukturen. Und das weltweit.

Natürlich wird es auch morgen noch Silos, Blocks und Funktionsbereiche geben. Aber die neue, netzwerkartige Welt durchdringt diese, dringt in alle Ritzen und Poren. Warum? Weil vernetzte Strukturen eine biegsamere Anpassung an sich verändernde Umwelten ermöglichen. Sie erlauben mehr Flexibilität.

## Was tun?

Wie gehen wir damit um? Das beschäftigt heute alle Unternehmensleiter und Teamleiter, die ich kenne. Manche sagen: Wir müssen uns auf diese neue organisationale Logik einstellen, Routinen brechen und vernetzten Denk- und Arbeitsweisen Raum geben. Dieter Zetsche gab bereits vor Jahren als Vorstandsvorsitzender der Daimler AG das Ziel aus, 20 Prozent der Mitarbeiter bis 2020 weltweit in agile, vernetzte Arbeitsstrukturen zu bringen. Er nannte das »Schwarmorganisation«. Ein sogenanntes Game-Changer-Team wurde gebildet, das diesen Prozess anfänglich unterstützte.

Haben große Organisationen überhaupt noch eine Existenzberechtigung? Diese provokante Frage stellt Uwe Raschke, Mitglied der Geschäftsführung der Robert Bosch GmbH. Eine große, bislang funktional gegliederte Organisationseinheit wird in kleinere, vernetzte Einheiten fragmentiert. Sie arbeiten in crossfunktionalen Teams und in einer neuen Arbeitsumgebung. Entscheidend sei dabei, so Uwe Raschke, die »funktionale Exzellenz« in den kleineren, vernetzt arbeitenden Teams sicherzustellen.

Zuerst war es nur ein Stichpunkt auf einem Blatt Papier. Der damals 26-jährige Max Viessmann hatte dort »Digital Lab« vermerkt. Inzwischen ist daraus eine hoch differenzierte Struktur, ein vernetztes Organisationsgeflecht vernetzt arbeitender Innovatoren geworden. Das innerhalb und außerhalb des Unternehmens wirkt und auf vielfältige Weise mit dem Start-up-Ökosystem verwoben ist. Da gibt es im hessischen Stammhaus den sogenannten »Innovation Boiler«, der mit Start-ups kooperiert. Da gibt es in Berlin einen »Company Builder«, der radikal innovative Ideen entwickelt und diese bis zur Ausgründung begleitet. Hinzugekommen ist ein sogenannter »Maschinenraum« für andere Mittelständler. Und dann gibt es zwei Venture-Gesellschaften, die mit unterschiedlicher Schwerpunktsetzung in neue Ideen und Firmen investieren.

Das sind Vorreiter. Wie viele ihnen folgen und wie schnell, ist völlig offen. In manchen großen und mittelständischen Unternehmen mahlen die Mühlen langsamer. Der Widerstand ist größer. Die Ängste und die Skepsis sind größer. Und auch bei Daimler bleibt die Frage: Selbst wenn sich bald rund 20 Prozent der Mitarbeiter als »Schwarmorganisation« verstehen: Was ist mit den restlichen 80 Prozent?

**Ein paar Fragen**

Wie ist es überhaupt mit den Ängsten und Sorgen? Werden sie bei Ihnen im Alltag angesprochen? Werden Sie selbst gefragt oder befragt? Und zwar nicht nur einmal im Jahr bei der Mitarbeiterbefragung? Sprechen die Überzeugten mit den weniger Überzeugten? Individuell und persönlich? Haben Sie dafür noch die Zeit?

Und weiter: Wer macht denn die Routineaufgaben, die vielen Arbeiten, in denen es zunächst gar nicht um Innovation, sondern ausschließlich um perfekte Ausführung geht und die (zumindest bislang, so scheint es) nicht im agilen Modus abgearbeitet werden können? In den nächsten Jahrzehnten werden mehr und mehr von diesen Tätigkeiten von digitalen Maschinen und Robotern übernommen werden. Aber jetzt: Wie organisieren wir heute die Tätigkeiten im – salopp gesagt – »ERP-Modus« (Execution, Routines, Performance)?

**Der »ERP-Modus« (Execution, Routines, Performance): Wie gehen Sie damit künftig kreativ um?**

## Die doppelte Aufgabe

Diese Fragen zu stellen heißt, sich über den doppelten Charakter der Herausforderung klar zu werden:

Wir stehen heute vor der Aufgabe, Organisationen zu entfesseln, völlig Neues, für manche Beispielloses, Unerhörtes, Extremes auszuprobieren. Dabei dürfen wir uns nicht von denen aufhalten lassen, die sich an ihre Routinen klammern, vor Abweichungen warnen oder ein langsameres Veränderungstempo verlangen.

Und gleichzeitig gilt es, daran zu arbeiten, dass die Organisation nicht aus dem Ruder läuft und dass es die Belegschaft nicht zerreißt. Denn wir können die alte Organisation nicht einfach abrupt über Bord werfen. Und die Menschen, die nicht so schnell vorankommen wie unsere besten Teams, schon gar nicht. Die Vorangehenden stehen wie Bergführer in der Pflicht, den Kontakt zu den Nachgehenden nicht abreißen zu lassen. Einige von den Besten und Erfahrensten werden alles daransetzen, den nicht so Versierten Hilfestellung und psychologische Sicherheit zu geben. Gefragt ist also ein kreatives Sowohl-als-auch, eine neue Kombination, eine gekonnte Gratwanderung in der Transformation der Organisation.

### Grate – die Königsdisziplin

Grate gelten als die Königsdisziplin beim Bergsteigen. Warum? Unter anderem, weil sie nur schwer abzusichern sind.

Unerfahrene Kletterer fühlen sich unsicher. Ein Stolpern könnte fatale Folgen haben. Es besteht Absturz- und Mitreißgefahr – auch für stärkere Bergsteiger, wenn sie Schwächere sichern. Und zwar nach beiden Seiten hin. Man braucht viel Erfahrung, eine gute Technik, eine hohe Verlässlichkeit und innere Stabilität. Hier geht es in jeder Hinsicht um Balance. Nur so kann man zügig vorankommen und zugleich niemanden gefährden.

## Zwei Geschwindigkeiten, zwei unterschiedliche Arbeitsweisen

Sie haben das natürlich auch schon gehört: Heute wird in manchen Organisationen von den »zwei Geschwindigkeiten« geredet. Die Geschwindigkeit derer, die mit den großen Veränderungen dieser Zeit besser zurechtkommen. Und die Geschwindigkeit derer, denen es mehr Mühe macht, agil und schnell voranzukommen. Die unterschiedlichen Geschwindigkeiten korrespondieren offensichtlich mit unterschiedlichen Arbeitsweisen, die in manchen Organisationen auch klar benannt werden: hier der Modus der Innovation oder des »Explore«, dort der Modus der »Execution« oder des »Exploit«.

Es hat sich in den letzten Jahren eingebürgert, dabei von organisationaler »Ambidextrie« zu sprechen. Das Wort steht für: Beidseitigkeit oder Beidhändigkeit (eigentlich zwei rechte Hände haben), also für die Fähigkeit, mit beiden Händen gleich gut spielen zu können, nämlich als Organisation gleichzeitig hocheffizient zu sein und sehr flexibel und innovativ zu agieren. Dafür steht dieses Zeichen:

$$\infty$$

Doch was heißt das konkret? Wer kann schon mit beiden Händen (oder Füßen) gleich gut spielen? Selbst im Hochleistungssport ist das selten. Für manche ist das Wort deshalb genauso sperrig wie das, was es bezeichnet: Da werden konträre Forderungen auf der begrifflichen Ebene vereint. In der Praxis bleiben es widersprüchliche Anforderungen an die Organisation, an die Mitarbeiter, an das Management.

Beide Seiten kämpfen um Aufmerksamkeit, um Zeit, um Macht, um finanzielle und personelle Ressourcen. Es ist ein andauernder Konflikt, nüchtern betrachtet. Eine Dilemmasituation. Man könnte auch sagen:

**Ambidextrie ist das *nach innen gewendete* »Innovator's Dilemma«!**

Die arrivierten Manager vertrauen den Routinen, der »Execution«, dem »Exploit«. Das ist ihre Funktion. Die Angreifer brechen Routinen, setzen auf Innovation und auf das »Explore«. Das ist ihr Metier. Bislang sind das meist unterschiedliche Personen mit unterschiedlichen Qualifikationen und oft ziemlich konträren Sichtweisen. Das macht die Sache nicht einfacher.

## »T-Leader«

Deshalb brauchen wir Führungskräfte, die beide Seiten verstehen und beide Modi des Arbeitens beherrschen. Ich nenne sie die »T-Leader«. Das T steht für Transformation. Es steht auch für die sogenannten »T-Shaped-People«, wie wir sie aus dem Design Thinking kennen. Und es steht für die Fähigkeit, Widersprüche produktiv zu machen. Zum Beispiel mithilfe des T-Canvas. Künftig werden Führungskräfte gefragt sein, die ein T-Profil haben. Vielleicht gehören Sie dazu?

### T-Leader

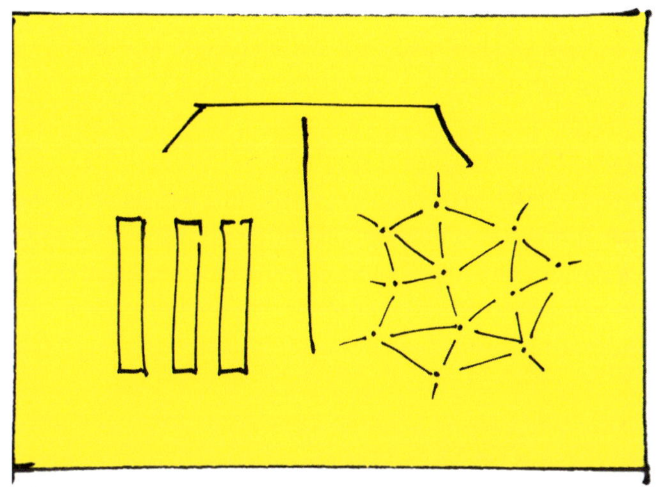

*Übersetzer gefragt: »T-Leader« verstehen beide Seiten*

Oder vielleicht gehören Sie zu denen, die in der Aus- und Weiterbildung mithelfen, die entsprechenden Fähigkeiten zu entwickeln und das T-Profil zu schärfen? Oder die daran arbeiten, dass in der Organisation die entsprechenden Zeiten und Räume dafür geschaffen werden?

Über kurz oder lang werden viele Manager in Situationen hineingeworfen, in denen sie etwas von dieser T-Haltung haben sollten. Wenn sie überleben wollen. Das hat Stephan A. Jansen einmal so ausgedrückt: »Manager sind Paradoxiekünstler. Es wird ihr Job werden. Oder der eines anderen.«

## Innovation und Execution

Hocheffizient arbeiten und zugleich agil Innovationen vorantreiben: Ist das denn überhaupt vereinbar? Ja, ich denke schon. Zum Beispiel wenn wir in der Organisation einen Rhythmus, also eine zeitliche Struktur, für beides finden.

Wenn wir nicht versuchen, alles gleichzeitig zu machen, in den gleichen Räumen und mit dem gleichen Setting. Sondern wenn wir die Zeit einteilen, Situationen und Phasen unterscheiden. Mit jeweils unterschiedlichen Aufgabenstellungen, Prinzipien und Methoden des Arbeitens und des Zusammenarbeitens.

## Beispiel Porsche Motorsport

Bei Porsche Motorsport spricht man explizit von den zwei Welten »Innovation« und »Execution« und hat gelernt, diese beiden Welten klar zu definieren und transparent zu trennen, wie Heike Bruch und Stefan Berger von der Universität St. Gallen in einer Studie herausgefunden haben. Während des Rennens am Nürburgring oder in Le Mans gilt die Devise »Fehler vermeiden«. Hier geht es um Bruchteile von Sekunden. Hier muss jeder Handgriff sitzen. Speed, Präzision, Perfektion, klare Anweisung. Vor und nach dem Rennen herrschen andere Spielregeln, eine andere Logik und andere Rollen. Dann geht es um Kreativität, Innovationen, um das Ausprobieren und Testen verschiedener neuer Komponenten und Setups. Dann kann und darf man Fehler machen, um daraus zu lernen. Dann herrscht eine kollegiale »Garagenmentalität« mit wechselnden Mischungen unterschiedlicher Expertisen, Sichtweisen und Projektteams.

Das war nicht immer so einfach, wie es klingt. Aber nach einer Weile scheint es für jeden ganz klar: Es gibt diese beiden Arbeitsweisen. Wir wissen, was wann von wem gefordert ist. Das ist eine konkrete, praktische Realisierung des »Paradox Mindset«, wie Petra Kipfelsberger, eine Kollegin von Heike Bruch, es nennt.

## Womit fangen wir an?

Immer wieder höre ich die Frage, womit man anfangen soll – meist von Führungskräften alter Schule. Sie sind es gewohnt, nach einem vorher festgelegten Plan und mit einer klaren Abfolge von Schritten zu arbeiten. Das wird jetzt schwieriger. Routinen werden gebrochen und das Neue wird wieder in die Routinen eingeführt. Ein endlos geflochtenes Band. Wir haben es nicht mehr mit einem traditionellen Change-Management, sondern eher mit einer »Change-Bewegung« zu tun, wie Christoph Keese es ausdrückt.

Bewegungen richten sich nicht nach dem Taktstock von irgendjemandem. Sie haben auch keinen eindeutig definierten Anfang und kein exakt terminiertes Ende.

Veränderung ist heute ein kontinuierlicher, eher iterativer und zirkulärer Prozess, bei dem Anfang und Ende ineinander übergehen. Wir stecken meist bereits mittendrin, auch wenn wir glauben, neu anfangen zu können. Und viele Mitarbeiter warten eher darauf, dass man sie endlich eigenverantwortlich machen lässt, als auf ein Programm, das ihnen sagt, was sie zu tun haben.

## Einladen

Nach meiner Erfahrung ist deshalb das Wichtigste (und darüber werde ich ausführlicher in der nächsten Etappe sprechen): überhaupt anfangen und einfach machen bzw. machen lassen. Dabei Freiwillige suchen, die offensichtliche Probleme der Organisation lösen wollen. Sie dazu einladen, sich einzubringen. Und ihnen die Möglichkeit und die Ressourcen geben, ein konkretes Problem als »Challenge« für die Organisation zu bearbeiten: »Wie können wir erreichen, dass …?« Vielleicht auch zwei, drei oder vier Challenges. Aber zunächst nicht mehr. Meist entsteht daraus von allein eine Sogwirkung in die Organisation hinein, die Sie später mit einer intelligenten Struktur verstärken können. Also klein und experimentell anfangen. Natürlich mit Unterstützung von Coaches und möglichst flankierender Methodenschulung.

Wenn Sie damit nicht zu lange warten, wenn Sie die nachfolgenden sieben Punkte beachten (und sofern niemand von ganz oben querschießt), können Sie kaum verhindern, dass Kleines größer wird.

**Kairos – oder: die Gelegenheit beim Schopf ergreifen**

Wie oft habe ich in den letzten Jahren in vielen Organisationen gehört: »Die Organisation ist noch nicht reif!«

Ja, wann ist sie es denn? Ist Reife überhaupt ein Kriterium, wenn es darum geht, einen Anfang zu machen?

Die alten Griechen stellten sich Kairos, den Gott des günstigen Zeitpunkts, mit einem kahlen Hinterkopf und einer Locke vor, die man ergreifen konnte.

*»Wer bist du?*

Ich bin Kairos, der alles bezwingt!

*Warum läufst du auf Zehenspitzen?*

Ich, der Kairos, laufe unablässig.

*Warum fällt dir eine Haarlocke in die Stirn?*

Damit mich ergreifen kann, wer mir begegnet.

*Warum bist du am Hinterkopf kahl?*

Wenn ich mit fliegendem Fuß erst einmal vorbeigeglitten bin, wird mich auch keiner von hinten erwischen.«

(Poseidippos von Pella, 3. Jahrhundert v. Chr.)

## Sieben elementare Bausteine einer neuen Praxis

### 1. Räume

Vor einigen Jahren war es noch ein Aha-Effekt, wenn man darüber sprach. Jetzt gehört es fast überall zum 1 × 1 organisationaler Veränderung: Menschen, die co-kreativ, agil und vernetzt arbeiten, brauchen eine passende Umgebung, andere Werkzeuge und anders gestaltete Räume. Das Visualisieren, das Experimentieren, das Bauen von schnellen Prototypen, die dichte Zusammenarbeit in kleinen Teams und der Wechsel für den Austausch in größeren Runden – all das fordert seinen Raum. Es verlangt nach einem guten, durchdachten, lichten, vielseitigen und zugleich einfachen Design.

Dafür hat sich inzwischen eine eigene, hochspezialisierte Industrie entwickelt – mit Raumkonzept-Entwicklern, Architekten, Möbelbauern, Designern. Diese Professionalisierung und Spezialisierung unterstreicht die Bedeutung des Themas: Design wird spielentscheidend. Vielleicht ist das ja selbst ein disruptiver Vorgang? Wir werden es in ein paar Jahren wissen. Hier und heute ist mir etwas anderes wichtig: Warten Sie nicht auf die perfekte, durchdesignte Lösung, die für die nächsten zwei oder drei Jahrzehnte Bestand hat. Die wird es nicht geben. Viel wichtiger ist auch hier: Fangen Sie an. Schaffen Sie neue Räume.

Oder noch besser: Geben Sie Ihren Mitarbeitern Raum, dass sie sich selbst ihre Räume bauen können! Das ist manchmal ein Container, der umgebaut wird. Oder es ist eine leer stehende Halle, die neu genutzt werden kann. Und: Es gibt bereits – etwa aus dem Umfeld des Design Thinking – so viele gute funktionierende Möbel und Raumkonzepte für das Co-Working. Da gilt die Devise:

**»Build on the ideas of others«!**

### 2. Methoden

Das Wort »agil« ist schon mehrmals gefallen. Jeder, der damit zu tun hat, weiß: Es steckt mehr dahinter, als sich in wenigen Worten ausdrücken lässt. Ein anderes Herangehen, man kann auch sagen: ein anderes »Mindset«. Plus andere Methoden und Techniken des Arbeitens und des Zusammenarbeitens.

Scrum und Design Thinking werden dafür meist als Beispiele genannt. Ich habe in meinem Buch *Disruptive Thinking: Das Denken, das der Zukunft gewachsen ist* versucht, die Praxis des Design Thinking ausführlich zu beschreiben und einige Wesensmerkmale herauszuarbeiten.

Einen Punkt meiner Beobachtungen möchte ich an dieser Stelle hervorheben: Wir sprechen oft von Design Thinking als Methode. Das ist sicher als erste, vorläufige Kennzeichnung brauchbar. Aber wahrscheinlich wäre es besser, von Design Thinking als einer Methodik oder einer Praktik zu sprechen. Denn tatsächlich umfasst Design Thinking viele unterschiedliche Methoden. Allein im Wintersemester 2017/2018 haben Kollegen an der D-School gezählt, dass rund 100 verschiedene Methoden und Tools zum Einsatz kamen.

Jeanne Liedtka von der Garden School of Business spricht in ihrem Beitrag *Why Design Thinking Work* in der *Harvard Business Review* von Design Thinking als »Social Technology«. Sie kommt in ihrer Untersuchung zu dem Ergebnis, dass Design Thinking als Social Technology das Potenzial habe, »to do for innovation exactly what TQM did for manufacturing: unleash people's full creative energies, win their commitment, and radically improve processes«.

Ich teile diese Einschätzung, bin aber mit dem Terminus »Social Technology« nicht recht zufrieden. Ich finde, Design Thinking ist noch etwas anderes als eine Technology. Es hat mehr mit einer Orchestrierung verschiedener Stimmen zu tun. Zur Orchestrierung gehört die Fähigkeit, das richtige Instrument zum richtigen Zeitpunkt zu wählen. Heute nicht mehr unter der Leitung eines Dirigenten, sondern in hohem Maße selbstorganisiert. Sehr strukturiert und zugleich sehr selbstbestimmt.

## 3. Verkehrsregeln

»Das Arbeiten in agilen Unternehmen gleicht dem Straßenverkehr: jeder kann seinen Weg suchen, aber alle müssen sich an Regeln halten«, sagt Hermann Arnold, Mitgründer und Chairman der Haufe-umantis AG, ein innovatives Schweizer Unternehmen, das für seine demokratischen Führungskräftewahlen bekannt ist.

Agilität, Eigenverantwortung und demokratische Verhaltensweisen im Unternehmen einzuüben bedeutet nicht, auf klare Entscheidungsstrukturen zu verzichten und ständig zu diskutieren. Ganz im Gegenteil. Die neuen Verkehrsformen in Unternehmen funktionieren »nur mit klaren Strukturen und festen Regeln«, wie die Kolleginnen und Kollegen bei Haufe-umantis gelernt haben. Sonst führt der neue Weg zu mehr Komplexität und zur Überforderung der Organisation.

Umso mehr gilt das für Organisationen, in denen wir es mit unterschiedlichen Verkehrstypen zu tun haben. Hier brauchen wir erst recht Prinzipien und Regeln, an die sich alle Verkehrsteilnehmer zu halten haben. Je klarer diese formuliert und in der Organisation kommuniziert werden, desto besser wird der Verkehr fließen. Wie wir am Beispiel von Porsche Motorsport gesehen haben, kann man auch unterschiedliche Regeln für unterschiedliche Verkehrsmodi formulieren: Innovation und Execution folgen eben anderen Regeln.

Übrigens sollte es auch für die Artikulation von Widerspruch Verkehrsregeln geben. Andernfalls werden widersprechende Meinungen und Abweichungen in der Gruppenarbeit ganz schnell untergebügelt. Wichtig ist nur, dass dies transparent gemacht wird, dass jeder die Regeln und Zeichen kennt und dass diese so klar und einfach wie möglich formuliert und visualisiert werden.

## 4. Technologie

In manchen Unternehmen wird über Agilität geredet, aber die technischen Voraussetzungen sind dafür nicht gegeben. Die IT-Systeme sind veraltet und nicht darauf ausgelegt, dass in gemischten Teams bereichsübergreifend gearbeitet wird. Innovative Unternehmensleitungen gehen dieses Thema frühzeitig an. So hat beispielsweise Thomas Kaeser, der Chef der Kaeser Kompressoren SE, dafür gesorgt, dass das alte Office-System durch ein System eines Wettbewerbers ersetzt wurde, das kollaboratives Arbeiten besser unterstützt. Grundsätzlich gilt: Gute digitale Collaboration-Tools bzw. Social-Collaboration-Plattformen sind für vernetztes Arbeiten von enormer Bedeutung. Vor allem wenn dabei von Anfang an auf die Mitsprache der Mitarbeiter Wert gelegt wird.

## 5. Hindernisse

Ebenso relevant ist heute für viele Organisationen, dass nicht weiter alte Bonus- und Anreizsysteme mitgeschleppt werden. Individuelle Boni wirken oft als Hemmklötze für kollaboratives Arbeiten. Deshalb haben einige Unternehmen wie Bosch oder die Deutsche Bahn schon vor Jahren begonnen, bei der Bemessung der jährlichen Erfolgsbeteiligung individuelle Ziele zu streichen. Die Auseinandersetzung darüber, wie neue, zeitgemäße Vergütungssysteme aussehen können, wird in vielen Unternehmen gerade intensiv geführt. Auch der Austausch darüber über Unternehmensgrenzen hinweg hat in verschiedenen HR-Communities und Netzwerken begonnen. Ein Beispiel für ein solches Netzwerk ist das Netzwerk »Konzernaustausch Selbstorganisation«.

## 6. Struktur

Gute Innovationsstrategien brauchen eine gute Struktur, Macht und Verankerung. Diesen Übergang von der Strategie zur Struktur zu schaffen und dabei gleichsam die Grenze zwischen innen und außen zu besiedeln, ist eine der wichtigsten Aufgaben für T-Leader.

Uli Huener, der früher Yello Strom mit aufgebaut hat und seit ein paar Jahren das Innovationsmanagement von ENBW mit nachhaltiger Ausrichtung leitet, hat dafür mit seinem Team ein beispielhaftes, sehr einfaches und überzeugendes Modell entwickelt. Es gibt dabei zwei Hauptrichtungen: von innen nach außen. Von außen nach innen. Und jede der beiden Stoßrichtungen ist mit einer Doppelstruktur hinterlegt:

| Inside out: | Outside in: |
|---|---|
| Incubation/ Ideenfindung | Venture Capital Investments |
| Company Builder für reifere Projekte | Last Stage Investments in neue Geschäftsfelder |

Diese Struktur wirkt in die traditionelle Organisation hinein und entwickelt eine Anziehungskraft für viele Mitarbeiter, die etwas verändern wollen. Dafür sorgt auch der eigene Innovation Campus.

## 7. Stabilität und Emotionalität

Je schwieriger die Route, je stürmischer das Umfeld, je »disruptiver« die Aufgabenstellung, desto wichtiger wird Stabilität. Wer sich auf eine Gratwanderung einlässt, muss sich darauf verlassen können, dass alle Beteiligten in der Bewegung doppelt achtsam sind. Nur so kann man zügig auf dem Weg der Veränderung vorankommen. Tollkühne Abenteurer oder Großsprecher haben bei dieser Herausforderung nichts zu suchen. Organisationen und Menschen brauchen ein inneres Leitbild der Balance, das Verändern und Bewahren umfasst.

Man muss zu etwas stehen, wenn man vom Wind of Change nicht weggeweht werden will. Das Entfesseln der Organisation wird nur gelingen, wenn wir ein Umfeld schaffen, in dem psychische Sicherheit ebenso viel gilt wie Schnelligkeit.

Wir brauchen also auch eine »emotionale Kompetenz« als Führungskräfte und Gestalter von Veränderungen. Achten Sie darauf bei der Aus- und Weiterbildung von T-Leadern. Dabei geht es nicht nur um das innere Vermögen, positiv wertschätzend zu wirken und Zuversicht auszustrahlen. Es geht auch darum, rechtzeitig zu spüren, wenn Verunsicherungen, Ängste oder Gefühle von Überforderung auftreten. Noch besser: Sie lassen diese gar nicht erst aufkommen, weil Sie Emotionen ansprechen und nicht tabuisieren. Vielleicht geben Sie Mitarbeitern sogar Gelegenheit, ihre »Emotion-Cycles«, wie es bei Porsche Motorsport heißt, also ihre emotionalen Zyklen, individuell zu bestimmen und diese auch einzuhalten: Nach der Phase von Hochleistung und Anspannung kann so jeder seinen eigenen Rhythmus des Abschaltens und der Entspannung finden.

Noch einmal komprimiert die sieben elementaren Bausteine der organisationalen Herausforderung auf einen Blick:

Methoden

Räume

*Verkehrsregeln*

Technologie

Hindernisse

*Struktur*

Stabilität und Emotionalität

## *Unterbrechen*

Brechen Sie Routinen – und führen Sie das Neue wieder in die Routinen ein.

## *Entfesseln*

Fangen Sie einfach an, experimentieren Sie, suchen Sie Freiwillige, die anders arbeiten wollen, geben Sie Unangepassten Raum.

## *Vernetzen*

Bilden Sie vernetzte Teams und Einheiten, die innovativer, schneller und mit agilen Methoden agieren können.

## *Zusammenführen*

Führen Sie beidseitig, damit es die Organisation nicht zerreißt: Innovation und Execution, Explore and Exploit. Entwickeln Sie dafür Strukturen.

## *T-Leader*

Stärken Sie Führungskräfte, die beide Seiten verstehen; unterstützen Sie sie mit Methoden, Techniken und Spielregeln.

## *Help each other*

Helfen Sie sich wechselseitig, ermöglichen Sie Selbstorganisation und geben Sie emotionale Sicherheit.

# Womit?

## Methoden, Tools, Denkbilder

## Das Spiel unterbrechen

Nach meiner Beobachtung beginnen alle erfolgreichen Veränderungen damit, dass jemand »Stopp« sagt. Damit wird das Spiel unterbrochen. Die Uhr wird angehalten. Timeout. Alle haben nun die Möglichkeit, für einen Moment innezuhalten. Man kann verschnaufen. Man kann die Auszeit auch dafür nutzen, die Taktik anzupassen.

In der NBA hat zum Beispiel jede Mannschaft die Chance, bis zu sieben volle Auszeiten zu nehmen. Oft wird das Spiel in diesen Auszeiten entschieden. Das gilt überall im Hochleistungssport, aber auch in der Musik oder in der Rhetorik. Die Pausen sind maßgebend. Es sind die Momente, in denen Neues entstehen kann. In denen Ruhe einkehrt und gerade deshalb anschließend – wenn erforderlich – das Tempo erhöht werden kann. Eigentlich besteht die Kunst der Veränderung in nichts anderem als in der Fähigkeit, Abläufe immer wieder zu unterbrechen, Pausen einzulegen. Und diese dafür zu nutzen, zu reflektieren und Neues auszuprobieren. So lange, bis das Neue in Fleisch und Blut übergegangen ist. Das ist der eigentliche Sinn des schönen Wortes »schöpferische Pause«.

Das können ganz kurze Unterbrechungen sein, vielleicht nur von wenigen Minuten. Das kann eine Auszeit von ein oder zwei Tagen sein, die Sie sich bzw. Ihrem Team gönnen. Hoffentlich nicht nur einmal im Jahr, sondern mindestens einmal pro Quartal oder pro Halbjahr. Bei Klöckner werden zum Beispiel sogenannte »Digi Days« sowie »Fuck-up-Nights« durchgeführt, in denen die Mitarbeiter konkrete innovative Projekte entwickeln und zugleich lernen, mit Fehlern anders umzugehen. Zusätzlich unterstützt durch kurze Video-Nuggets, mit denen neue Themen und Lerninhalte schnell kommuniziert werden. Das können ebenso Tage oder halbe Tage sein, die Sie einmal im Monat oder einmal pro Woche für kreative und innovative Vorhaben reservieren. Zum Beispiel als einen »Innovation Friday« oder »Open Friday«. Wichtig ist dabei die Idee, dass Lernen und Arbeiten in neuer Weise verschränkt werden und somit die Veränderung in den Arbeitsalltag einziehen kann. Routinen werden gebrochen und das Neue wird routinisiert. Das Anfangen geht über in einen Rhythmus, in eine Struktur, die der Veränderung Halt gibt.

Zur Veranschaulichung empfehle ich als Erstes eine Visualisierung der Aufgabe des Unterbrechens in drei Schritten. In einem Workshop oder zu Beginn einer Auszeit mit Ihrem Team.

**Stopp!**

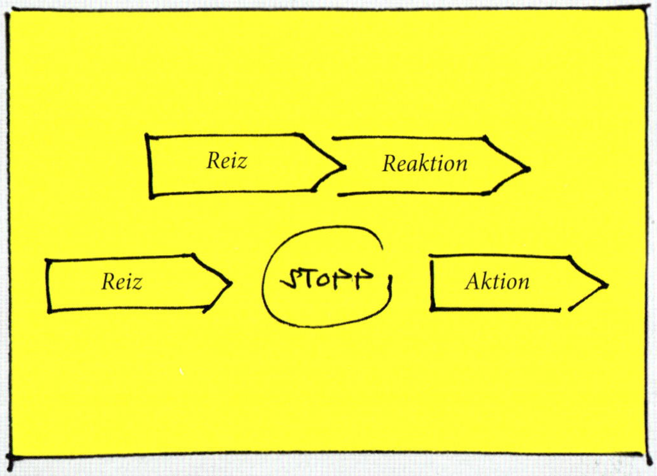


*»Stopp« sagen zu können, ist eine zentrale Führungsaufgabe*

## Leaders' Loop

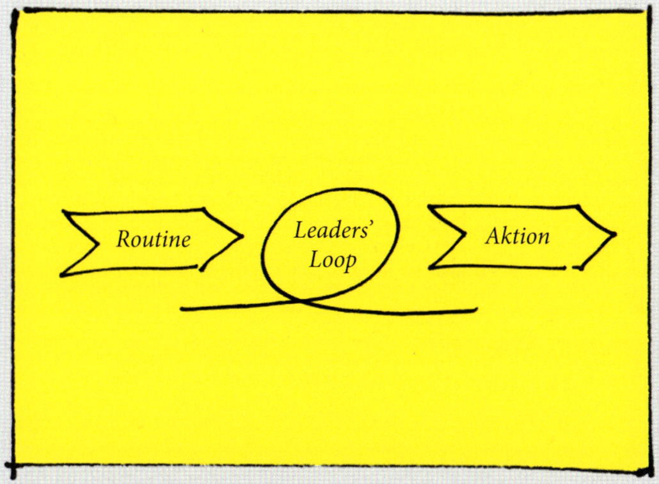


*Routine unterbrechen, reflektieren, experimentieren*

*Nach Rainer Petek und Bernhard von Mutius*

- Machen Sie sich zunächst den üblichen Routinemechanismus bewusst: Ein Reiz wird ausgeübt und hat eine Reaktion zur Folge. Das geht blitzschnell, erfordert keinerlei Anstrengung und keine bewusste Überlegung. Es ist eine Art Automatismus. Schnelles Denken statt langsames Denken. Das brauchen wir überall da, wo es um Automatismen geht. Ob beim Autofahren oder bei allen wiederholbaren Abläufen im Arbeitsalltag.
- Von Zeit zu Zeit gilt es, bewusst »Stopp« zu sagen. Wenn wir erschöpft sind, wenn wir reflektieren wollen, was wir gerade getan haben, wenn wir das Gefühl haben, mit den bisherigen Routinen nicht mehr recht weiterzukommen, wenn wir neue Ideen brauchen, etwas ausprobieren und lernen wollen. In diesen Situationen ist das »Stopp«-Zeichen das wichtigste Verkehrszeichen und das wichtigste Führungsinstrument.
- Der dritte Schritt ist der Leaders' Loop. In einem bewussten Akt der Führung wird das Unterbrechen zur Reflexion genutzt, aus der Pause wird eine schöpferische Pause. Zu erkennen, wann dieser Moment erforderlich ist und wie er genutzt werden kann, ist die Aufgabe der Führung. Die Figur des Loops ist den meisten aus dem Design Thinking oder aus dem systemischen Denken vertraut. Eine zirkuläre Figur, die scheinbar verlangsamt, zumeist aber für einen neuen Schub und Schwung sorgt: Aus der Reflexion entsteht eine veränderte Aktion. Vielleicht sogar eine Transformation.

**Das Stoppsignal ist die kleinste disruptive Einheit in der Organisation. Es bietet dem Denken für einen Augenblick die Gelegenheit, die Richtung zu wechseln.**

## Die schöpferische Störung der Organisation – fünf Grundsätze

Disruptive Thinking heißt im organisationalen Kontext: die bisherigen Routinen infrage stellen, mit neuen Formen der Organisation experimentieren – und diese wieder in die Routinen einführen. Neue Formen, die stärker am Kunden ausgerichtet sind und die mit den neuen Technologien korrespondieren: vernetzt, beweglich, co-kreativ, also die Kreativität im bereichsübergreifenden, interdisziplinären Zusammenspiel verstärkend. Ganz gleich, womit Sie anfangen, wenn Sie damit anfangen: Nach meiner Einschätzung haben sich die folgenden fünf Punkte als erfolgskritisch herausgestellt:

- Freiwillige suchen, die den »Seitenwechsel« ausprobieren und gerne eigenverantwortlich Aufgaben der Veränderung übernehmen wollen. Das Prinzip Selbstorganisation beachten, dafür sorgen, dass die Akteure möglichst autonom arbeiten und entscheiden können.
- Vernetztes, bereichsübergreifendes Arbeiten ermöglichen, entsprechende Methoden und Werkzeuge zur Verfügung stellen, die dies unterstützen. Learning Journeys und Agile Safaris organisieren, in denen neue Arbeitsformen in der Praxis anderer wechselseitig studiert werden können.
- In den neuen, vernetzten Teams und Einheiten zugleich die funktionalen Kompetenzen der Organisation sichern.
- Beweglicher, schneller und agiler werden – im Kopf und in der Zusammenarbeit, hierarchische oder bürokratische Hindernisse aus dem Weg räumen. Dafür Spielregeln vereinbaren.
- Räume schaffen, in denen experimenteller, kreativer und spielerischer gearbeitet werden kann – Zeiträume, aber auch anders gestaltete reale Räume.

## In kleinen Schritten – sechs Tipps für Gratwanderer und T-Leader

An einem neuen Typus von Organisation arbeiten, der die alte Organisation infrage stellt. Und gleichzeitig dafür sorgen, dass es die Organisation nicht zerreißt, sondern dass sie insgesamt gestärkt wird. Das ist die Gratwanderung, die Kunst und die Disziplin, mit Spannungsfeldern zu arbeiten, polare Kreativität zu entwickeln und die andere Seite zu unterstützen.

Hier ein paar Tipps, wie Sie dabei vorgehen und vorankommen können. Zumindest ein gutes Stück. Sie können dabei auf einige Methoden und Handgriffe zurückgreifen, die Sie hier schon kennengelernt haben. Wichtigstes technisches Hilfsmittel: die Grundform des T-Canvas – einfach ein leeres Blatt mit einem schwarzen Strich in der Mitte.

### Erstens: Die Gegenseite denken

Nicht als Erstes fragen: Wie können wir Menschen dazu bewegen, dass sie dies oder jenes tun? Sondern zunächst fragen: Was gibt es für Gründe, warum sie es nicht machen? Was hindert sie? Schreiben Sie die Hindernisse auf die linke Seite eines Blattes, die rechte Seite lassen Sie frei. Später notieren Sie hier Ihre Ideen, wie man es anders machen könnte.

### Zweitens: Die zwei Leben der Organisation gegenüberstellen

| Das gelebte Leben | Das ungelebte Leben |
|---|---|
| Beobachtete Realität | Erlebtes Bedürfnis |

Betrachten wir den Strich in der Mitte als den »Resistance«-Strich: Welcher Widerstand verhindert, dass wir das tun, was wir eigentlich hoffen? Dann fragen: Was könnten wir jetzt tun, damit er geringer wird? Dabei nichts aufschieben. Jetzt ist jetzt: »Don't get ready, get started.«

### Drittens: Eine »Bug-List« erstellen

Erstellen Sie eine Liste der Dinge, die Sie täglich stören. Oder lassen Sie eine solche Liste erstellen. Nutzen Sie dafür wieder die linke Seite eines Blattes. Eine solche Auflistung erscheint zunächst negativ. Aber so sehen Sie Möglichkeiten, etwas zu verbessern. Denn dann fragen Sie: Was für ein Potenzial steckt in diesen Bugs? Was könnten wir daraus machen? Oder was können wir ganz anders machen? »How might we improve the situation?« Dafür nutzen Sie die rechte Seite.

### Viertens: Mit Beschränkungen arbeiten

Oft wissen wir nicht, womit wir beginnen sollen. Zum Beispiel, wenn es darum geht, einen neuen Innovationsprozess in der Organisation einzuführen. Aber manchmal hilft es, wenn Sie fragen: Was können wir in zwei Wochen schaffen? Was über Nacht? Was in 36 Stunden? Was können wir mit einem Low Budget und einer bewusst unperfekten Lösung schaffen? Diese Beschränkungen können Sie kreativ als Herausforderung umdeuten und positiv wenden. Beispiel: einen »Hackathon« durchführen.

### Fünftens: Werte hinterfragen

Nehmen Sie die zentralen Werte der Organisation oder ihre Leitbildformulierungen, und laden Sie Manager oder Business-Leader aus Einheiten der alten Organisation ein, offen darüber zu sprechen: Wo und warum funktioniert das nicht? Was sind die »toughest problems«, die verhindern, dass die Werte voll gelebt werden können?

### Sechstens: Nach schwarzen Schafen suchen

Bemühen Sie sich gezielt um die Nonkonformisten, suchen Sie die Unangepassten, Freigeister und Störenfriede der Organisation. Bilden Sie aus ihnen eine Zelle oder ein Netzwerk von Innovatoren und Veränderern. Laden Sie diese ein, an ungelösten Problemen der Organisation zu arbeiten. Geben Sie ihnen den Freiraum, das auch tun zu dürfen.

*(Frei nach Tom & David Kelley, Creative Confidence, u. a.)*

## Die Dinge drehen – der Ideen-Bogen*

Wie oft haben wir das schon gehört: »Wir tun uns schwer mit …«? Überlegen Sie einmal: Womit tun Sie sich schwer? Oder Ihr Team? Oder Ihre Organisation? Was wäre, wenn Sie das ändern könnten?

Die Idee dahinter: Man kann – manchmal – die Dinge drehen. Wenn man neugierig, zunächst spielerisch und experimentell von der Seite des »Es geht nicht!« auf die Seite des »Warum nicht?« wechselt.

Dies ist gerade für Teams und Mitarbeiter aus Organisationseinheiten interessant, die sich selbst nicht unbedingt zu den Vorreitern der Veränderung zählen würden. Die glauben (und denen man es vielleicht auch eingeredet hat): Das können wir nicht. Sie bekommen die Gelegenheit, sich vom Gegenteil zu überzeugen: mit wenigen Schritten und Handgriffen, die aus dem Arsenal der kreativen systemischen Arbeit stammen.

Man kann dann gleichsam in Zeitlupe beobachten, was mit einem selbst und mit den Teamkollegen passiert. Wie sich die Einstellung zu ändern beginnt. Dabei ist die Arbeit mit dem Ideen-Bogen kurzweilig und geht zügig voran.

Sie können dieses Tool beispielsweise in einem Teamworkshop einsetzen, wenn Sie »Disruptive Thinking« gerade mit Blick auf erforderliche organisatorische Veränderungen erproben wollen. Wenn Sie gemeinsam über die Frage reflektieren wollen: Welche Fähigkeiten brauchen wir morgen? Und wenn Sie bei all dem in Ihrem Team kreatives Selbstvertrauen stärken wollen.

* Die Figur des Ideen-Bogens geht in ihren Grundzügen auf den Designer Alejandro Lecuna zurück, der einen »Idea Arc« als Tool für die »Ideation Phase« im Design Thinking entwickelt hat. Mir hat diese Figur auch deshalb gefallen, weil sie mit dem Transformation-Cycle korrespondiert, über den wir gleich sprechen werden.

Wie gehen Sie am besten vor? Sie wählen das gleiche Setting wie beim »T-Canvas« (S. 84 f.). Am besten drei Gruppen mit fünf bis sechs Teilnehmern. Die Gruppen sitzen an Tischen, auf denen der Ideen-Bogen im Format DIN A0 ausgebreitet und zur Beschriftung bereitliegt. Nach jedem Schritt wechseln die Teilnehmer die Tische. Ein Host bleibt zurück, der die neue Gruppe in die bisherigen Arbeitsergebnisse einweist.

Ausgangssituation (noch im Plenum): Wir tun uns schwer mit … Nennen Sie Beispiele aus Ihrer Organisation, diese sollten dann priorisiert werden.

Erster Schritt: Die Situation ist wie … Finden Sie Analogien oder Metaphern, zum Beispiel aus dem Sport oder aus der Natur.

Zweiter Schritt: Was können wir davon übertragen und für uns lernen?

Dritter Schritt: Womit wollen wir »morgen« anfangen?

Dann im Plenum Austausch über die Ergebnisse und Verabredung für das weitere Tun.

Dauer: ca. 60 bis 75 Minuten im ersten Durchgang (in den Gruppen 3 × 15 Minuten)

## Der Ideen-Bogen

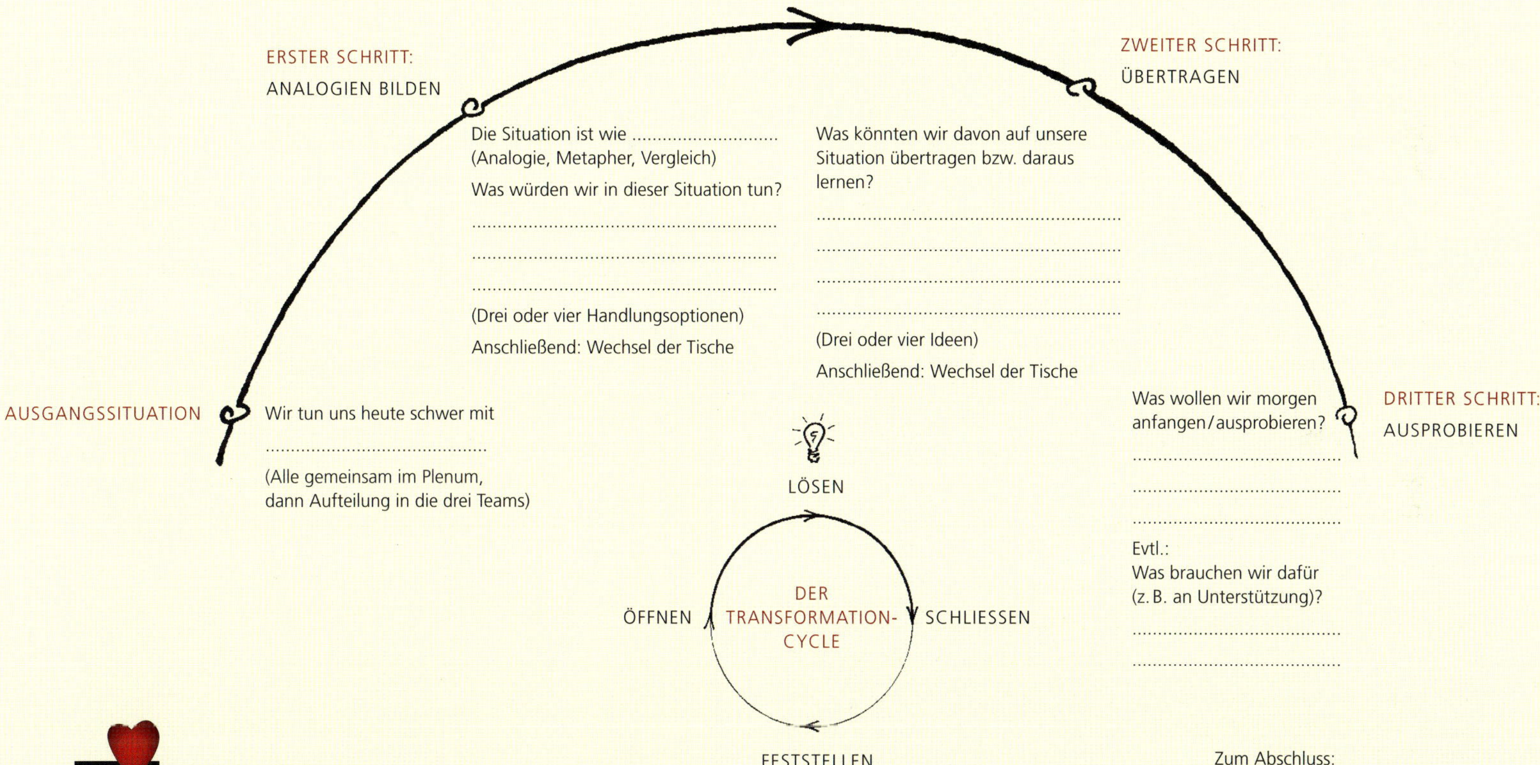

Zum Abschluss:

Alle Teams begutachten die Ergebnisse ihrer gemeinsamen kreativen Arbeit:

Was wollen wir wirklich, wirklich umsetzen?

## Change? Ein Unbehagen

Viele von Ihnen werden Erfahrungen mit Change-Management und Veränderungsprozessen gesammelt haben. Vermutlich nicht nur die besten. Da wurde meist etwas von oben angeordnet. Man jagte die Mitarbeiter in einen Change-Prozess, der darin bestand, irgendwelche abrupten Schwenks durchzuführen – deren Eckpunkte natürlich vorher von Beratern in einem Milestones-Plan festgelegt wurden. Ein linearer, genau getakteter Prozess von einem Zustand A zu einem vorgegebenen Zustand B innerhalb eines starren Planungsrahmens. Ein Prozess, der die Akteure in dem Glauben ließ, bei Zielerreichung sei alles geschafft.

Selbst wenn heute ein paar Vokabeln geändert wurden und man lieber von Transformation spricht – das Unbehagen ist geblieben, dass Mitarbeiterinnen und Mitarbeiter hin und her geschoben werden wie Figuren auf dem Schachbrett.

## Anders denken, anders machen

Ganz gleich, wie man es nennt, ob Veränderung, Change oder Transformation: Entscheidend sind die innere Haltung und das Herangehen derer, die die Veränderung wollen. Meine Beobachtungen von gelingenden Veränderungen zeigen: Hinterfragen Sie die Vorstellungen von sogenannten Wasserfall-Methoden. Setzen Sie stattdessen eher auf viele kleine Initiativen, die schnell entwickelt und iteriert werden können. Und zwar »userzentriert«. Das heißt: experimentell agieren, auf Feedback reagieren können und dabei sehr individuell, sehr kollegial und vernetzt miteinander kommunizieren.

Individuell und vernetzt. Das bedeutet, wirklich jede Einzelne und jeden Einzelnen einzubeziehen. Und zugleich interne digitale Plattformen der Vernetzung zur Verfügung zu stellen, wie zum Beispiel Slack, HipChat oder Yammer, die als Tools für einen offenen, hierarchiefreien Austausch genutzt werden können.

## Ein inneres Bild der Transformation

Vielleicht ist es auch hilfreich, ein inneres Bild vor Augen zu haben, das uns im Alltag der Veränderungen leiten kann. Zum Beispiel diese Skizze.

**Transformation-Cycle – das Grundmodell**

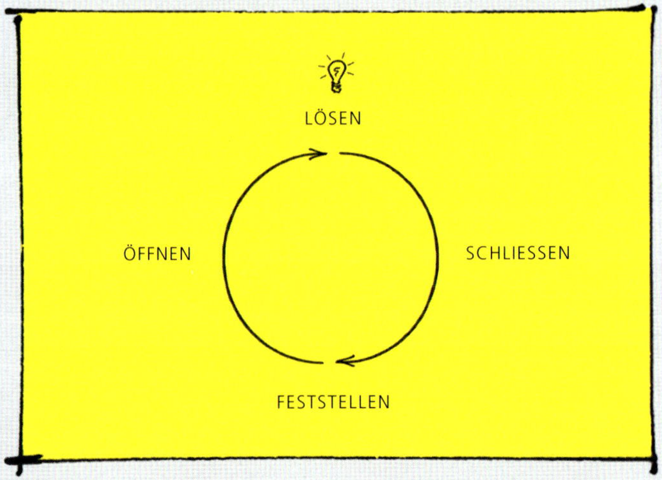

Transformationen sind im Kleinen wie im Großen Prozesse, die nicht linear, sondern eher zirkulär verlaufen. Sie haben einen Rhythmus. Es gibt einen öffnenden Modus (des Explore und der Innovation), der die Wahrnehmung und Entwicklung von Neuem, von Kundenerwartungen, von allmählichen und von disruptiven Entwicklungen – und damit neue Fragen, Erkenntnisse und Perspektiven – ermöglicht. Und es gibt einen schließenden Modus (des Exploit und der Execution), der zur Umsetzung der gefundenen Lösungen führt – und damit die Ergebnisse für einen selbst, für die Organisation, für die Kunden und manchmal auch für die Umwelt greifbar und nützlich macht.

Nutzen Sie zur ersten, vorläufigen Strukturierung Ihrer Gedanken die nebenstehende Liste – und entwickeln Sie dabei Ihre eigenen Bilder und Visualisierungen.

### To-think-Liste (Gratwanderung)

**1. Thema / Challenge**

Was ist die wichtigste Herausforderung/Challenge für unsere Organisation?

........................................................................................

**2. Hindernisse**

Was hindert uns, kreativer, innovativer, schneller zu werden?

Was hindert uns, vom Kunden aus zu denken?

Wo und wann treten diese Hindernisse auf?

........................................................................................

**3. Routinen brechen**

Welche Routinen wollen wir brechen?

Wie können wir das (Unter-)Brechen symbolisieren?

........................................................................................

**4. Anfangen, experimentieren, iterativ vorgehen**

Womit wollen wir morgen anfangen?

Können wir dafür Freiwillige gewinnen?

Welche Räume brauchen wir dafür?

Wie organisieren wir Feedback?

........................................................................................

**5. Beide Seiten im Blick?**

Unterscheiden wir Arbeitsmodi der Organisation (z. B. Exekution und Innovation, »Exploit« und »Explore«)?

Hat die Organisation davon ein klares Bild?

Helfen die agilen »Neuerer« der alten Organisation?

........................................................................................

**6. Unterstützung der T-Leader**

Wie können sich T-Leader bei uns entwickeln?

Gibt es eine Academy, die ihre Entwicklung unterstützt?

........................................................................................

**7. Spielregeln**

Haben wir Ziele, Prinzipien und Verkehrsregeln für das Zusammenspiel vereinbart?

Sind diese für alle transparent und klar kommuniziert?

Werden diese ganz oben vorgelebt?

..............................................................................................

**8. Führung**

Bekommen die Neuerer und agilen Veränderer Rückendeckung von der Leitung?

Gibt es zeitgemäße Leadership-Programme, die beispielsweise Disruptive Thinking umfassen?

Wird der Einzelne in den Veränderungsprozessen gefragt und wertgeschätzt?

..............................................................................................

**9. Methoden**

Welche Methoden/Tools werden wir nutzen oder haben wir bereits eingesetzt?

Wie viele Mitarbeiter sind damit bereits vertraut?

..............................................................................................

**10. Formate**

..............................................................................................

**11. Nächste Schritte**

..............................................................................................

## Paradoxien = Leben

In einem seiner hinreißenden Young People's Concerts in der Carnegie Hall beschrieb Leonard Bernstein den Komponisten Gustav Mahler als einen »Double Man«. Das spiegele sich in seiner Musik: kindlich und zugleich sehr erwachsen, sehr glücklich und voller Lebensfreude und dann wieder tief traurig und ernst.

Den zuhörenden Kindern leuchtete dies sofort ein – und das schon vor Jahren. Erwachsene sind da reservierter. Sie lieben Eindeutigkeit. Es sei denn, dass sie sich mit Psychologie oder mit systemischen Zusammenhängen befassen. Dann wissen sie: Paradoxien, Widersprüche, Spannungsfelder sind etwas sehr Lebendiges. Ja, sie sind Zeichen von Lebendigkeit in einer komplexen, ausdifferenzierten, spannungsgeladenen Welt.

Allmählich deutet sich ein Umdenken an. Disruptive Thinking bringt es auf den Punkt: Negiere Widersprüche nicht, sondern akzeptiere sie. Weiche ihnen nicht aus, sondern mache sie produktiv. Auch und gerade in der Entwicklung von Organisationen.

Man könnte es die Wendung von einem schroffen Entweder-oder-Denken (das manchmal auch die Anhänger neuer Lehren und Methoden prägt) zu einem realitätstauglicheren Sowohl-als-auch nennen. Sowohl-als-auch nicht als fauler Kompromiss, nicht irgendwo ermattet in der Mitte. Sondern als bewusstes, dynamisches Hinauslehnen nach beiden Seiten. Verstehend, dass beide Seiten vollen Respekt und volle Achtsamkeit verlangen.

Das ist nun alles mehr Haltung (im wörtlichen Sinne) als Methode. Aber es gibt eine Visualisierung, die das vereint, wenn man sie als Rhythmus der Organisation konkretisiert. Es ist ein sehr altes Zeichen und Symbol, das seit Hunderten von Jahren für die Unendlichkeit, für Paradoxien und für die Beständigkeit steht.

Es steht in diesem Kontext (siehe gegenüberliegende Seite) für das Wechselspiel von Routinen und Nichtroutinen, Exploit und Explore sowie Execution und Innovation.

Wenn es Ihnen in Ihrem Arbeitsalltag gelingt, dieses Symbol zu konkretisieren und Ihren eigenen Rhythmus für Ihre Organisation zu finden, können Sie an dieser Stelle eigentlich das Buch zuklappen. Mehr ist kaum erreichbar.

Ich möchte Ihnen aber auf jeden Fall eine weitere Visualisierung zeigen, die das Thema noch etwas auffächert. Auch hier eine Gegenüberstellung: »Linear Mindset« versus »Paradox Mindset«. Das linke Schaubild kursierte eine Zeit lang in den sozialen Medien und wurde dann von Petra Kipfelsberger neu gefasst (rechte Seite) und in der hier abgedruckten Form publiziert.

## Einen Rhythmus finden

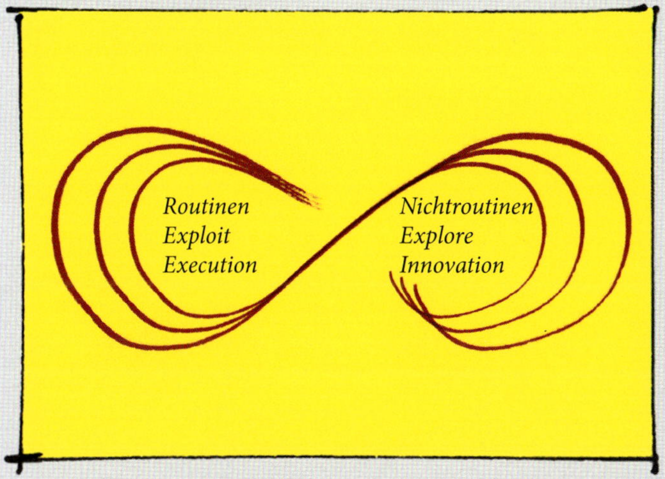


## Linear Mindset vs. Paradox Mindset

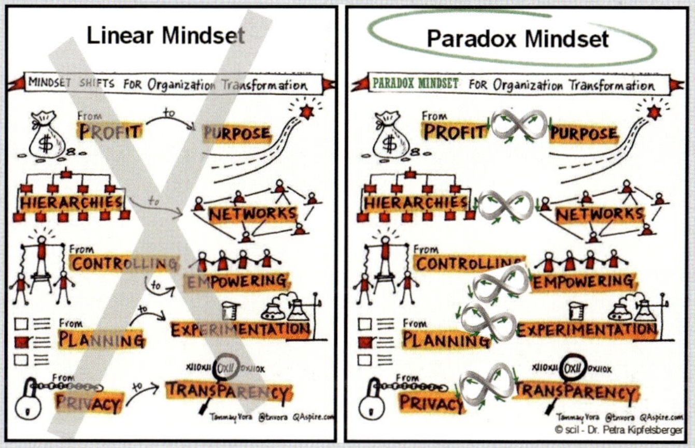

## LIGHT

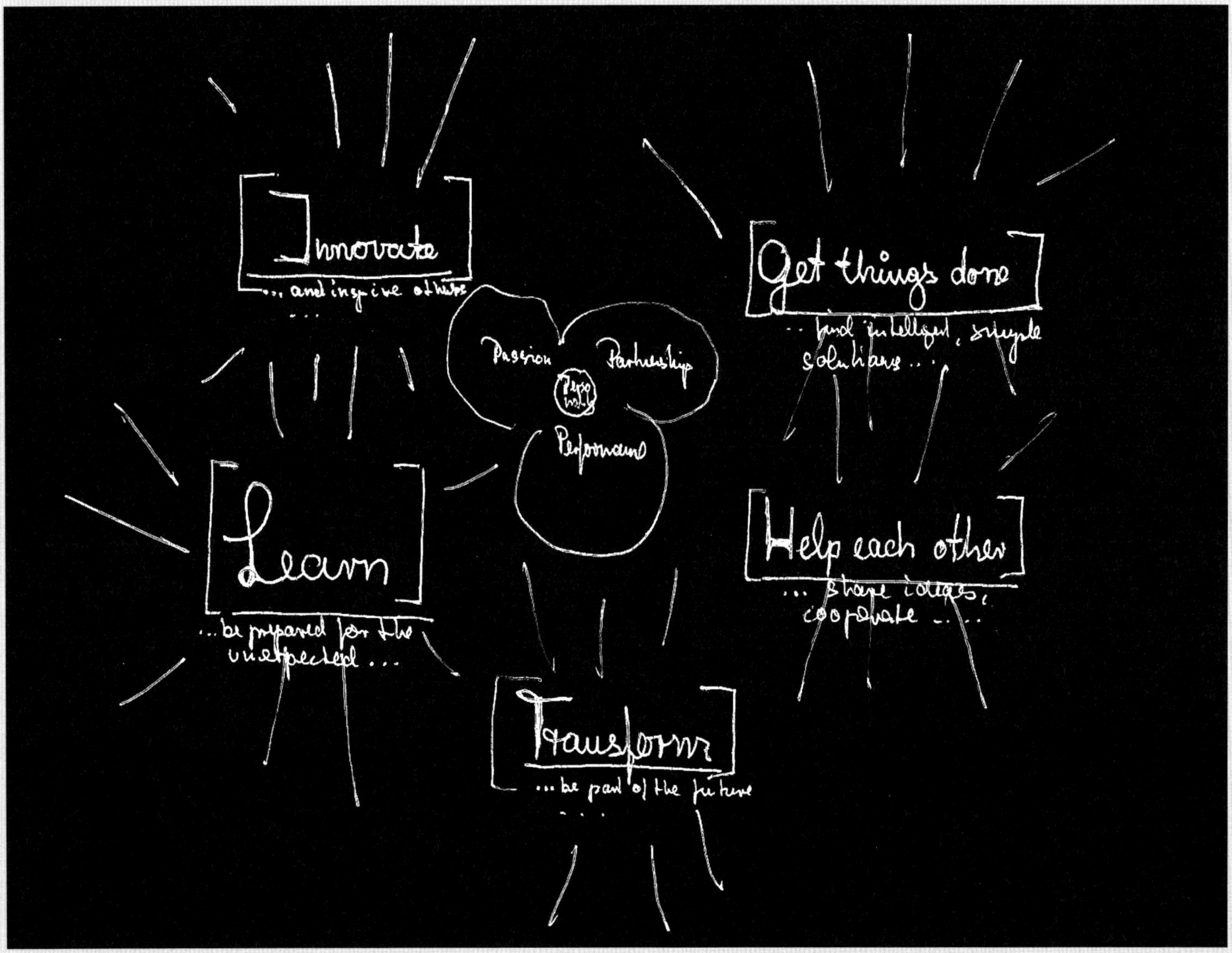
Innovate
... and inspire others ...
Get things done
... find intelligent, simple solutions ...
Passion
Partnership
Performance
Learn
... be prepared for the unexpected ...
Help each other
... share ideas, cooperate ...
Transform
... be part of the future ...

## Light und Speed

Wir haben über Verkehrsregeln, Prinzipien und Spielregeln in der Veränderungsarbeit von Organisationen gesprochen. Wie kann so etwas aussehen? Meine Empfehlung ist: Bleiben Sie nah dran an der Identität Ihrer Organisation. Wählen Sie nicht bloß allgemeine Aussagen, die man heute in jeder Firma formulieren könnte.

Machen Sie sich die Mühe, spezifischer zu werden. Knüpfen Sie an das an, was Ihre Organisation, Ihr Geschäft, Ihre Kultur auszeichnet. Dann kann dies auch »ein Stück Musik von Hand gemacht« sein. Die nachfolgenden Prinzipien eines neuen Führungsverständnisses sind so entstanden. Ein »Light«-Bild. Die Anfangsbuchstaben haben etwas zu tun mit der Branche und mit der Identität des betreffenden Unternehmens. Die Führungskräfte fanden sich darin wieder.

»LIGHT« steht für:

**L** Learn
… be open for the unexpected, understand and handle complexity
**I** Innovate
… prepare the ground for creativity and inspire others to innovate
**G** Get things done
… find intelligent and simple solutions and put people together in one direction
**H** Help each other
… cooperate, share ideas, transform pressure in positive energy and develop people
**T** Transform
… engage in dialogue, be part of the future

Dieses »LIGHT« begleitete die Führungskräfte auf ihrer mehrstufigen Lernreise. Die Kernaussagen konnten runtergebrochen und operationalisiert werden. So konnte sich jeder Einzelne und jedes Team selbst einschätzen. So weit, so gut. Aber wir hatten eines nicht einkalkuliert: Ein Wechsel im Topmanagement führte dazu, dass im Hause andere Prioritäten gesetzt wurden und das Bild unvollendet blieb. Auch das eine wichtige Erfahrung: Ohne aktive Unterstützung von ganz oben wird kein Veränderungsprozess gelingen.

Deshalb noch ein weiteres Beispiel von Prinzipien aus einem Unternehmen, bei dem die Aktivitäten reibungsloser verzahnt sind. Und darüber haben wir schon gesprochen: Porsche Motorsport. Dort heißt es »Speed«. Und die sieben Speed-Prinzipien, die von Heike Bruch und Stefan Berger als Leadership-Aufgaben identifiziert wurden, lauten:

**Sieben Prinzipien des »Speed«**

1. Gegenseitiges Vertrauen ist die Basis für Speed.
2. Jeder und alles dient den gemeinsamen Zielen.
3. »Garagen« fördern eine schnelle Lösungsfindung.
4. Nicht jeder kann (immer) Speed.
5. Emotion-Cycles ermöglichen Regeneration und Hochleistung.
6. Zwei Welten sind transparent zu trennen – Innovation und Execution.
7. Speed bedeutet nicht »immer Vollgas«.

## Denkmuster aufbrechen

Seit Jahrzehnten taucht in Unternehmen immer wieder die Grafik einer Kurve auf, wenn von Veränderung die Rede ist. Ursprünglich entwickelt als Modell für die Diffusion von Innovationen auf dem Markt, später adaptiert als Modell für Veränderungsprojekte. Es ist das Modell von Everett Rogers, bekannt als »Adoption Curve« (eine so genannte »Bell Curve«). Rogers unterscheidet fünf Menschengruppen mit verschiedenen Adaptionsgeschwindigkeiten bei Neuerungen: Innovators, Early Adopters, Early Majority, Late Majority und Laggards.

Auf den ersten Blick wirkt dieses Modell überzeugend; man meint: »Jetzt weiß ich, warum manche Leute bei Neuerungen so langsam sind!« Aber ist das wirklich so? Es ist meines Wissens in der Organisationsentwicklung empirisch nicht belegt. Doch es macht uns glauben, es sei »objektiv«. Es wirkt auf mich ziemlich statisch. Es verleitet zum Gruppendenken – und zur Abwertung von anderen.

Die Frage ist: Was kann man daraus machen? Es aufbrechen! Es zerlegen oder »dekonstruieren«. Hier mein Vorschlag dazu in drei Schritten:

1. *Runter*brechen – und differenzieren: Welche Stakeholder in unserer Organisation könnte man diesem Schema vorläufig zuordnen? Können wir uns »Personas« oder tatsächliche Personen vorstellen, die dem entsprechen? Wenn ja: Wie hoch schätzen wir ihren Einfluss ein?
2. *Unter*brechen – Stopp sagen und fragen: Was sind die Bedürfnisse dieser Menschen? Was können wir voneinander lernen? Wie können diejenigen, die sich für besonders veränderungsbereit halten, für sich selbst »Challenges« formulieren, die die latenten Konflikte der Organisation produktiv machen? (Das wäre ein T-Leaders'-Loop!)
3. *Aus*brechen – aus dem Gruppenschema: miteinander reden, sich auf die anderen zubewegen, jede Einzelne und jeden Einzelnen fragen, in die Veränderung einbeziehen, jedem eine Aufgabe geben. So weit es nur geht. Und dann schauen, was passiert.

Meine Vermutung: Wenn Sie diese drei Schritte gehen, verändert sich das Bild. Aus der Bell-Kurve von Rogers, die einem Dromedar ähnelt, entsteht ein Kurvenverlauf, der eher einer Zeichnung aus dem *Kleinen Prinzen* von Saint-Exupéry ähnelt: Sie sehen den Elefanten in der Schlange. (Sagen wir: Es ist die »Kleiner Prinz«-Kurve.) Die Dinge haben sich bewegt: Es gibt mehr »Early Adopters«, die Gruppe der »Early Majority« hat sich verbreitert: Viel mehr Mitarbeiterinnen und Mitarbeiter sind in Veränderungsinitiativen aktiv.

**Die Rogers-Kurve (Bell Curve)**

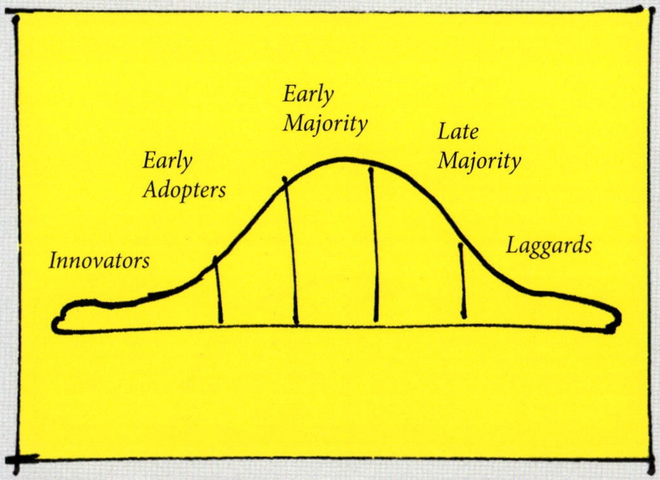


*So?*

**Die »Kleiner Prinz«-Kurve**

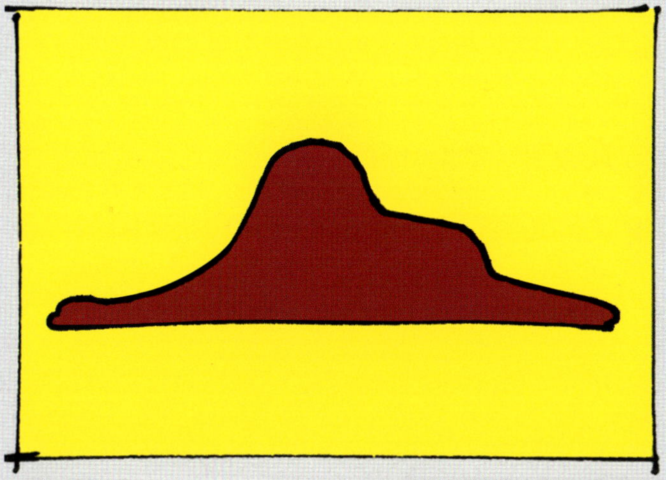

*Oder so?*
*Sehen Sie den Elefanten?*

## Four Rooms of Change

Die sogenannten »Four Rooms of Change«, die der schwedische Psychologe Claes F. Janssen in seinem gleichnamigen Buch entwickelt hat, sind ein hilfreiches Modell. Sie spiegeln die Erfahrungen vieler Menschen mit ganz unterschiedlichen Berufen und Hintergründen in Situationen der Veränderung. Ich bin neulich durch ein Journal der österreichischen Kollegen von Königswieser & Network wieder darauf gestoßen.

Da gibt es zuerst den Raum der Zufriedenheit (»Contentment«). Die Dinge funktionieren. Alles scheint gut justiert. Man ist relaxed und hat das Gefühl, jeden Handgriff routiniert und ohne Anstrengung ausführen zu können. Man spürt die nahende Veränderung kaum – oder die abziehende Veränderung kaum noch.

Dann gibt es den Raum der Verleugnung oder Ablehnung (»Denial«). Die Veränderung ist längst da. Aber man verdrängt oder verleugnet sie. Man verteidigt den Status quo und klammert sich an alte Muster und Routinen, die mechanisch, kontrolliert und eher verkrampft eingehalten und verteidigt werden.

Anders sieht es aus im Raum der Erneuerung (»Renewal«). Hier gibt es die Bereitschaft zur Veränderung und den Wunsch, die Verhältnisse kreativ zu gestalten. Die Dinge scheinen integriert. Disruptive Ideen finden Gehör. Es gibt Selbstvertrauen und das Gefühl, zu einer Community zu gehören und gemeinsam etwas erreichen zu können.

Und dann gibt es den Raum der Verwirrung (»Confusion«), in dem tatsächlich das stattfindet: Konfusion. Wir sind irritiert und destabilisiert. Und wir wissen nicht mehr, was nun richtig ist. Wir gehen durch eine Phase innerer Konflikte und suchen nach Möglichkeiten, wieder ins Gleichgewicht zu kommen.

Alle vier Räume können als Bilder für individuelle wie für organisatorische Erfahrungen stehen. Man kann sie weiter ausschmücken und ergänzen, sie beispielsweise mit Fenstern, Kellern und Dachkammern versehen. Man kann sie aber auch so reduziert lassen und als »Four-Room-Apartment« betrachten, das von Personen, Teams oder Einheiten bewohnt wird, die verschiedene idealtypische Phasen der Veränderung durchlaufen.

### Die »Four Rooms of Change«

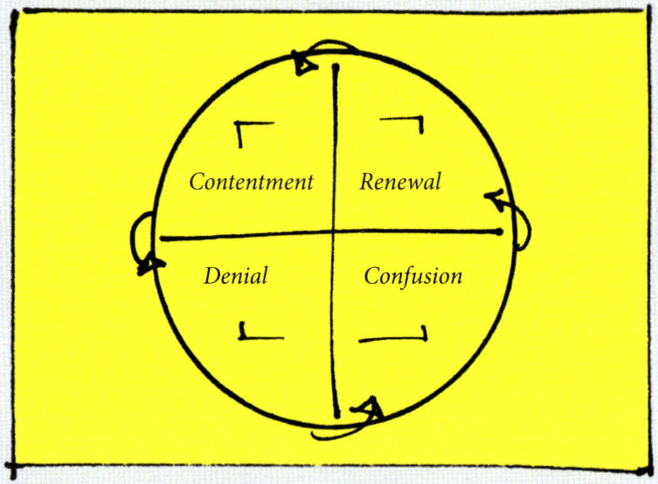

Sie können sich diese Phasen »bewusst bewusst« machen, sie beispielsweise bei einer Auszeit mit Ihrem Team nacheinander gemeinsam »begehen« und dazu einige Fragen formulieren. Etwa:

Wie fühlt sich das an?

Was davon habe ich schon einmal so ähnlich erlebt?

Was davon entspricht unserer Situation?

Was ist überzeichnet, was realistisch?

Auf welche Ideen bringt uns das?

Welche (Lern-)Aufgaben ergeben sich daraus für uns?

Wichtig ist, dass wir nicht einrasten, uns nicht einmauern in einen vermeintlich sicheren Hort unserer Befindlichkeit, sondern in Bewegung bleiben. Keep the feet moving! Auch der Raum der Erneuerung veraltet mit der Zeit und wird irgendwann zum Raum der Gewohnheit und Zufriedenheit, wenn wir uns nicht bewegen.

Und selbst wenn Sie das Gefühl haben, irgendwo festzusitzen, spüren Sie vielleicht, dass es da einen gewissen Rhythmus gibt: Verändern geht über in Bewahren, Bewahren wieder in die Veränderung. Nur so kann sich eine Organisation oder ein Individuum stabil entwickeln. So wie wir individuell – gerade wenn wir Hochleistungen erbringen – emotionale Zyklen brauchen, in denen wir unseren emotionalen und seelischen Haushalt in eine dynamische Balance bringen.

## Seien Sie eigensinnig

Ich werde manchmal gefragt: Gibt es *das* Modell der neuen Organisation? Oder was ist das richtige Modell? Meine Antwort: Ich weiß es nicht. Ich bin auch skeptisch, ob es das richtige Modell je geben wird.

Es gibt verschiedene neue Modelle. Sie betonen meist das, was in den traditionellen Organisationen in der Regel zu kurz kommt. Und zwar auf unterschiedliche Weise: die Kundenzentrierung, das demokratische oder holokratische Moment, die agile Sichtweise, die vernetzte Perspektive etc.

Alle diese Ansätze sind wichtig. Aber das Selbermachen und Experimentieren sind mindestens ebenso wichtig. Denken Sie an die so erfolgreiche Working-out-Loud-Bewegung, die von diesem Selbermachen und Einfach-Anfangen lebt.

Seien Sie mehr kritischer Rationalist oder Anarchist als Anhänger einer reinen Lehre. Seien Sie disruptiv, nicht doktrinär. Glauben Sie an die Ideen der Modelle, aber nicht an die Modelle selbst. Kopieren Sie nicht. Finden, entwickeln, kombinieren Sie Ihr eigenes Modell. Das zu Ihrer Organisation mit ihrer Geschichte passt. Ganz gleich, ob W.L. Gore & Associates, Spotify, Morning Star Company oder Haufe-umantis – sie alle haben ihre ganz eigene Modellierung gefunden. Sie waren eigensinnig. Seien Sie es auch.

Stellen Sie Silos infrage und Pyramiden auf den Kopf, gehen Sie von den Bedürfnissen der Kunden aus, arbeiten Sie schnell, vernetzt und kollegial, in gemischten, divers zusammengesetzten Teams. Aber rechnen Sie mit der Hartnäckigkeit der alten Strukturen in manchen Köpfen. Beziehen Sie den Widerstand und Widerspruch mit ein. Arbeiten Sie damit. Spielerisch, experimentell, co-kreativ.

Schauen Sie sich die verschiedenen Modelle an. Suchen Sie nach den Grundprinzipien, die dahinterstehen. Schärfen Sie daran Ihren Blick. Und bekommen Sie heraus, was Sie brauchen und was machbar ist.

Die folgende kleine Skizze wird Ihnen dabei vielleicht nützlich sein.

### Der Diamant der organisationalen Disruption

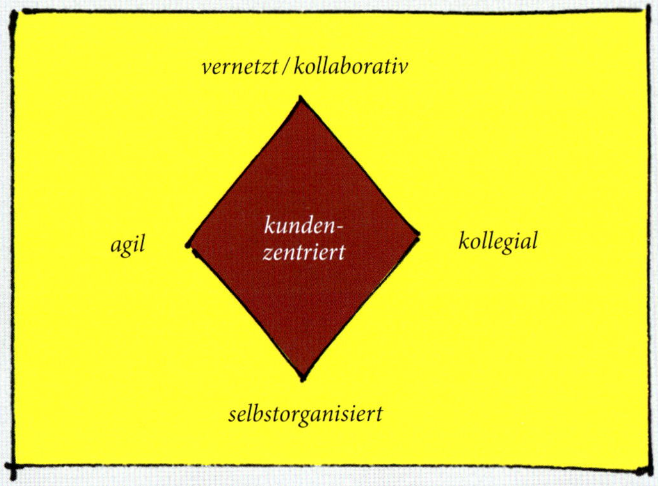


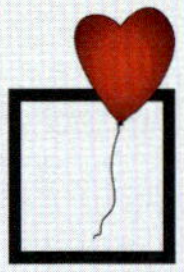

## Und: nicht alles glauben, wie es im Buche steht

Vor ein paar Tagen war ich wieder in einem meiner absoluten Lieblingsrestaurants. In Florenz. Gegenüber von Santo Spirito. Wenn ich in dieser Stadt bin, versuche ich nach Möglichkeit wenigstens einmal dahin zu gehen. Bewusst zu gehen. Nicht mit dem Auto zu fahren. Auch wenn ich weit zu laufen habe. Dort gibt es nicht nur eine hervorragende, einfache toskanische Küche. Viel wichtiger: Dort gibt es eine leichte, fröhliche, gleichzeitig hoch konzentrierte Arbeit des Serviceteams. Die Ausgangslage ist insofern nicht einfach, als es immer voll ist und die Gäste oft sehr lange warten müssen, bis sie überhaupt einen Tisch bekommen. Aber dann läuft alles perfekt und spielerisch. Nicht wie am Schnürchen, sondern wie in einem guten Spiel, in dem alle bei der Sache sind und viel Spaß haben. Für einen kleinen Scherz oder eine Replik auf einen Witz der Gäste, die meist aus dem Viertel kommen, ist immer Zeit. Übrigens arbeitet die Mannschaft seit vielen Jahren meist in der gleichen Besetzung. Immer die gleichen Gesichter. Wie langweilig, könnte man sagen. Aber ich habe dort nie den Eindruck von Langeweile. Es ist lässig und cool. Nein, nicht cool: unaufgeregt freundlich. Ohne dass dort irgendjemand irgendetwas Neues erfinden würde. Das Team arbeitet eindeutig auf der Seite des »Execute«. Aber niemand würde das so empfinden oder so sagen. Und das Wort »Exploit« passt hier nun überhaupt nicht. Was nun?

Routinen brechen heißt auch, die eigenen Denkroutinen zu brechen. Sich trauen, die Dinge durcheinanderzubringen. Gegen den Strich zu bürsten. Also: Sind gute, gemischte Teams nur geeignet für das »Explore«, für die Entwicklung brillanter Ideen? Oder sind sie nicht gerade dort besonders geeignet, wo es um anspruchsvolle Routinetätigkeiten geht? Vom Hochseesegeln bis zur Meisterung der Stürme in Küche und Service?

Und weiter: Sind Teams wirklich per se besser in der Innovationsarbeit? Oder sind nicht viele bahnbrechende Innovationen in mehrstimmig orchestrierten Köpfen Einzelner entstanden? (Dafür finden wir im Silicon Valley und in Europa viele Beispiele.) Und wie können wir diese Fähigkeiten von Individuen und Teams künftig neu kombinieren?

## Unterm Strich: mehr Spielvarianten in der Führung

Wenn wir in einer Organisation beginnen, in verschiedenen Modi zu arbeiten, bleibt das nicht ohne Folgen für die Führung. Hermann Arnold sagt, wir sollten lernen, in verschiedenen Formationen zu führen (und zu folgen). Wie beim Zusammenspiel von Musikern. Da gebe es – vereinfacht gesagt – vier Formationen. Und alle vier haben nach seiner Auffassung ihre Berechtigung:

1. die Frontfrau bzw. der Frontmann
2. das Orchester mit einem Dirigenten
3. die Rockband
4. die Jazzcombo

Das könnte man noch weiter differenzieren. Aber schon allein diese vier Varianten erweitern unsere Wahlmöglichkeiten in Führung und Zusammenarbeit. Es gilt, jeweils situations- und aufgabenabhängig unterschiedliche Rollen in der Führung und im Zusammenspiel zu übernehmen. Dazu haben Hermann Arnold und seine Kolleginnen und Kollegen ein Kartenspiel entwickelt. Es heißt »Giggen«. Der Name ist von dem Begriff »Gig« abgeleitet. Ich schließe mich dem an: Routinen brechen heißt, spielerisch »giggen« zu lernen.

*Graphic Recording eines Vortrags von Bernhard von Mutius in Dornbirn am 27.9.2018 – von Dennis de Jonge*

KINDLICH EINFACH
EINFACHHEIT
SERVIETTE
DIGITALISIERUNG
KREATIVITÄT
ICH MALE GOTT
SOLL ICH MICH DARUM KÜMMERN?
NICHTWISSEN
WISSEN
ERLAUBT!
DILEMMA!
SCHEITERN
WIE UMGEHEN?
IMMER GERADE AUS!
KUSSIERUNG
UNGEWISS-HEIT
BRÜCKE
„AUTOBAHN-DENKEN"
VERKNÜPFUNGEN
HILFE...
REVOLUTION
1
ÜBERGANGS-ZEIT
STRUKTUREN
BRECHEN AUF!
2
ROUTINEN
DISRUPTIVES DENKEN
AUS-PROBIEREN!
ALTE WELT
NEUE WELT
27/09/2018
3
MENSCH + MASCHINE
MOORE'S LAW
DEN EINZELNEN WAHRNEHMEN!
EXPLOSION v. INNOVATIONEN
T-LEADER
HEAD OFFICE
MILWAUKEE TIMES
EINZIGARTIGES ORGAN
ANGST!
SELBST-ORGANISIERT
VERNETZUNG
DAS „ICH" VERSCHWINDET NICHT!
EXPERIMENTIEREN
BILDUNG?
STÄRKEN!

*»Kultur wird nicht besessen, sie wird immer neu erspielt.«*

**Ariane Mnouchkine**

*»Es ist immer leichter, eine bestehende Kultur zu zerstören, als eine neue, attraktive zu entwickeln.«*

**Fritz B. Simon**

*»Die digitale Zukunft ist nicht aufzuhalten, aber der Mensch und seine Menschlichkeit sollten obenan stehen.«*

**Shoshana Zuboff**

*»The temptation to lead as a chess master, controlling each move of the organization, must give way to an approach as a gardener enabling rather than directing.«*

**General Stanley McChrystal**

# IV. Return to home base

## Die kulturelle Herausforderung

»Encourage people!«

## Was funktioniert?

Neulich hatte ich an einem Nachmittag kurz hintereinander zwei äußerst interessante Gespräche. In beiden Fällen ging es um das Thema Kultur, genauer gesagt: Unternehmenskultur. Die Menschen, mit denen ich sprach, waren sehr verschieden, kamen aus unterschiedlichen Firmen und vertraten ziemlich kontroverse Meinungen.

Da war zum einen die Kollegin aus der HR-Abteilung eines traditionsreichen, international tätigen Unternehmens in einer sehr bodenständigen Branche, das versucht, sich neu auszurichten. Für sie war klar: Wir können diese Transformation nicht schaffen ohne eine Transformation unserer Kultur. Und sie bat mich, zu diesem Thema auf ihrer nächsten Führungskräfteveranstaltung zu sprechen.

Und da war zum anderen der Kollege aus einem ebenfalls traditionsreichen, international tätigen Konzern mit sehr vielen Mitarbeitern, der seit gut zehn Jahren nichts anderes macht, als Projekte der Transformation in einem dafür eigens geschaffenen Team zu begleiten. Und das sehr erfolgreich. Er sagte mir ganz offen (und wir kennen uns aus gemeinsamer Arbeit gut genug, um uns diese Offenheit zu erlauben): Das Thema Kulturveränderung ist Bullshit. So geht das nicht.

Wer hat nun recht? Oder stehen wir wieder einmal vor einem Paradox? Aber wie sollen wir uns dann verhalten und entscheiden?

Geht das?

## Kulturveränderung: die offene Frage

Wir ahnen, dass das Thema Kultur von größter Bedeutung ist in dieser Zeit der großen, radikalen Veränderungen. Wir erleben es auch immer wieder, dass einige Organisationskulturen besser und manche weniger gut geeignet scheinen für den Umgang mit diesen Veränderungen. Manche sprechen von einer »verzerrten Unternehmenskultur« – in Anlehnung an das Konzept der »kognitiven Verzerrungen«, das u. a. von dem Verhaltensökonomen Daniel Kahneman geprägt wurde. Demnach gibt es auch in Organisationen kollektiv verzerrte Wahrnehmungen. Zum Beispiel ein Gefühl der Unantastbarkeit oder ein dauerhaftes Festhalten am Status quo. So habe zum Beispiel Arcandor zu lange am Status quo festgehalten und auf die disruptive Gefahr von Amazon nicht angemessen reagiert; dieses Phänomen einer verzerrten Unternehmenskultur betreffe »zahlreiche Konzerne und Mittelständler«, so Philip Meissner und Torsten Wulf im *Harvard Business Manager*. Und weiter: »Damit sie erfolgreich auf disruptive Veränderungen reagieren können, müssen Unternehmen ihre Kultur verändern.«

Wie geht das?

## Die Homo-faber-Illusion

Unternehmen »müssen« ihre Kultur verändern? Kulturveränderung per Verordnung? Ich habe Zweifel, ob das funktioniert. Obgleich ich derartige Appelle oft lese. In vielen Publikationen, die sich mit der digitalen Transformation beschäftigen. Online wie offline.

Ich möchte es die Homo-faber-Illusion nennen. In Anlehnung an Christoph Keese, der jüngst wieder auf diese Figur aus dem gleichnamigen Roman von Max Frisch hingewiesen hat.

Man kann Kultur nicht machen, programmieren, erzeugen, produzieren, wie man Tische, Autos, Gebäude oder Software herstellt.

Und doch können wir beobachten, dass es der einen oder anderen Organisation gelingt, die Entwicklung ihrer Kultur zu beeinflussen. Wie ist das Rätsel zu lösen? Indem man genau diese Unterscheidung trifft: zwischen dem, was wir mit unseren Entscheidungen direkt beeinflussen können, und dem, was wir mit unseren Entscheidungen nicht direkt beeinflussen können.

## Was wir beeinflussen können

Fritz B. Simon hat dafür eine ganz einfache Matrix entwickelt, auf die ich später noch genauer eingehe. Zu dem, was wir beeinflussen können, zählt er die Programme (ich füge hinzu: auch normative Programme wie Prinzipien, Spielregeln oder Werte), die offiziellen Kommunikationswege (auch Räume, Ereignisse, Interaktionen, Plattformen sowie Rituale und Symbole) und die Personen (von der Auswahl und Besetzung bis hin zur Aus- und Weiterbildung und zu persönlichen Lernprogrammen). Statt »Personen« können Sie auch konkret »Führungskräfte« oder »Mitarbeiter« sagen.

Dieser Punkt hat nach meiner Beobachtung ein besonderes Gewicht. Beginnend ganz oben. Sie haben das sicher auch schon erlebt, was ein Wechsel an der Spitze bewirken kann. So oder so.

Ein neuer Chef, der sich nicht für das Lernen und für die Entwicklung der Organisation interessiert, der nur mit Zahlen und Daten beschäftigt ist, der weder Freundlichkeit noch Optimismus ausstrahlt, der zwar von Selbstorganisation spricht, aber alles kontrollieren möchte, kann binnen weniger Monate alles kaputt machen, was Sie gerade mit neuen Initiativen einer innovativen, experimentellen, eigenverantwortlichen Kultur der Veränderung gesät haben.

Und: Wenn Sie Design Thinking praktizieren, werden Sie immer wieder die Erfahrung gemacht haben, wie wichtig die »Persona« ist, wie wichtig überhaupt das menschenzentrierte Arbeiten ist. Streichen Sie die Personas aus der Methode und das Humane aus dem Zentrum Ihrer Haltung und Sie haben nur einen Torso, ein lebloses Gerippe.

## Vorleben, Wertschätzung des Einzelnen, Kontinuität

Sie kennen wahrscheinlich den Werkzeughersteller Hilti. Das sind die mit den roten Koffern auf den Baustellen. Das für seine innovative Unternehmenskultur mehrfach ausgezeichnete Unternehmen mit Hauptsitz in Liechtenstein hat vor einigen Jahren ein Lernprogramm für alle Mitarbeiter entwickelt, genannt »Our Culture Journey«. Es wird bis heute in einem bestimmten, wiederkehrenden Rhythmus mit wechselnden Schwerpunktsetzungen durchgeführt. Jedes Mal ganz oben beginnend, mit den Chefs. Jedes Mal kann sich jede einzelne Mitarbeiterin bzw. jeder einzelne Mitarbeiter mit den eigenen Stärken und Schwächen selbst reflektieren und Neues ausprobieren. Jeder Einzelne spielt hier eine Rolle. Zumindest ist dies der Anspruch.

Wenn die Mitarbeiter spüren, dass Veränderung ganz oben vorgelebt wird, dass jeder Einzelne ernst und wichtig genommen wird, dass das Umfeld stimmt und dass kontinuierlich, das heißt langfristig an diesen Themen gearbeitet wird, dann besteht vielleicht eine Chance, dass sich eine Kultur tatsächlich verändert. Nicht oktroyiert, vielmehr in einer Weise, die den technologischen und Marktveränderungen ebenso angepasst ist wie den Bedürfnissen und Fähigkeiten der Organisation und der Mitarbeiter. Das verbindende Element heißt: »Menschen stärken!« Das ist meine Beobachtung. Verdichtet zu einem pragmatischen Imperativ. Und dabei sind beide Wörter wichtig, wie wir sehen werden.

## Aufbrechen und ankommen

»Our Culture Journey« – in dieser Metapher ist von einer Reise die Rede und da schwingt im Aufbruch immer auch das Ankommen mit. Ein Moment der Vertrautheit, des Eigenen, der Identität, worauf die Mitarbeiter stolz sind. Ich glaube, das lässt sich verallgemeinern:

- Gerade wenn der Veränderungsdruck sehr hoch ist – und vermutlich bald noch höher wird …
- gerade wenn wir sehr schnell unterwegs sind – und vielleicht demnächst noch schneller werden wollen …
- gerade wenn wir uns in unerforschtes Gelände vorgewagt haben – und dort möglicherweise noch weiter vordringen wollen …
- … gerade dann brauchen wir ab und zu einen Rückzugsort, wo wir uns neu sortieren und neue Energie auftanken können – und uns vielleicht auch ein wenig heimisch fühlen.

## Home base – denn nur Beschleunigung reicht nicht

Deshalb ist der Begriff »home base« hier bewusst gewählt. In mehrfacher Bedeutung: Nach einer schwierigen Tour oder Expedition ist man froh, wieder zu Hause zu sein, heimischen Boden unter den Füßen zu spüren. Jetzt haben wir Zeit zur Regeneration, zur Besinnung und zum Feiern. Aber auch zur Reflexion. Wir sichten die Bestände und fragen uns: Was ist uns wirklich wichtig? Was sind die Werte, denen wir vertrauen?

Wir brauchen so etwas wie einen emotionalen Heimatsort, ein Zugehörigkeitsgefühl. Gerade wenn wir weit ins Ungewisse vorstoßen. Kultur hat immer auch damit zu tun. Gerade in dieser Zeit der digitalen Beschleunigung. Die amerikanische Ökonomin Shoshana Zuboff hat in ihrem letzten prophetischen Buch *Das Zeitalter des Überwachungskapitalismus* sehr eindrücklich auf diesen Punkt hingewiesen.

Wenn dies nicht mehr gegeben ist, wenn dafür kein Platz mehr ist, mutieren unsere Organisationen zu bloßen Söldnerorganisationen. Oder zu Mischungen aus Söldnerorganisation und Flash-Organisation. Sie verlieren mehr und mehr ihren Charakter als Wertegemeinschaft. Die Frage ist: Wollen wir das? Dann reicht es, nur auf Beschleunigung, auf agile Methoden, auf Design Sprints und auf New Work zu setzen – wie Zehntausende andere Firmen das im Moment auch tun.

## Haltepunkte und Bestandsaufnahmen

Wenn wir das nicht wollen, brauchen wir Zeiten und Orte zur Besinnung, zum Ankommen und zur Reflexion über das, was uns auszeichnet und unverwechselbar macht. Wir brauchen Haltepunkte und Bestandsaufnahmen. Wir fragen uns: Was ist uns wirklich wichtig? Was macht uns einzigartig? Worauf bauen wir unsere Hoffnung und unser Vertrauen? Mindestens einmal im Jahr (besser häufiger) fest eingeplant: eine Bestandsaufnahme im Dialog, im Team, bei der wir in den Spiegel schauen und uns unseren eigenen Fragen stellen. Wir sind selbst disruptiv. Ganz wörtlich. Mit Betonung vor allem auf dem »selbst«.

## Sich selbst infrage stellen

Fragen Sie sich: Sind wir selbst disruptiv genug? Verrückt genug? Offen genug? Mutig genug? Schnell genug? Wagen und verändern wir genug? Haben wir genug getan, um innere Silos aufzubrechen und kreatives Selbstvertrauen wachsen zu lassen?

Haben wir dafür ein Umfeld geschaffen, den Boden bereitet? Haben wir Freiraum und Unterstützung gegeben, sodass sich die Menschen in unserem Umfeld trauen, aus ihren gewohnten Bahnen auszubrechen?

War das wirklich genug? Wenn nicht: Was können wir künftig tun, damit sich vielleicht einige mehr trauen, verrückt zu sein? Gerade in sehr auf technische Präzision ausgerichteten Organisationen darf man dafür schon ein paar irritierende Anstöße geben. Wie beispielsweise Hack Days, Cross-Cutting Challenges, ausgefallene Wettbewerbe oder Festivals, überraschende soziale oder künstlerische Interventionen, Learning-Journeys zu Orten und Personen, die ganz anders sind als das, was wir gewohnt sind.

Aber zugleich sollten Sie sich fragen: Stimmt unser Wertekompass noch? Wo grummelt es in der Organisation? Sind wir achtsam genug? Verantwortungsvoll genug? Nachhaltig genug? Was verbindet uns eigentlich? Was ist der »Purpose« unseres Tuns über den Tag hinaus? Bewegt uns dieser noch?

Auch hier gilt: Beide Seiten voll und ganz durchdenken. Nicht lau und halbherzig irgendwo in der Mitte ermatten.

## Waku Doki

Kennen Sie das Waku-Waku-Festival? Schon mal davon gehört? Das war ein Erfinder-Festival, eine Ideenolympiade, ein Spinner-Wettbewerb.

Da haben sich immerhin 31 000 Ingenieure beteiligt. Sie wetteiferten um die originellsten Ideen, was man alles aus Autoteilen basteln kann. Einer der ersten Preise ging beispielsweise an »Bubble Crab«, eine große Krabbe, die Scheibenwaschanlage und Lüfter benutzt, um Seifenblasen zu produzieren. Völlig verrückt, würden wir sagen. Wer kann sich das leisten? Wer hatte dafür Zeit? Es war die Firma Toyota. Der gleiche Konzern, der in puncto Qualität und Effizienz als das penibelste Automobilunternehmen gilt, förderte bewusst die massenhafte Produktion scheinbar abseitiger, kreativer Ideen. Und er förderte die Emotionalität. »Waku Doki« heißt das langfristige Konzept, das hinter dieser Entwicklung stand und bis heute steht. Was so viel heißt wie: Herzschlag, Adrenalin, pure Emotion, Begeisterung.

**Drei Merksätze**

Und während Sie so mit einigen Fragen das Feld der möglichen Kulturentwicklung einkreisen, nehmen Sie einen Stift zur Hand, ein großes White Board oder Pinboard und schreiben Sie drei Merksätze auf.

- Wir unterschätzen oft die Bedeutung der Kultur, und wir überschätzen die Möglichkeiten, sie unmittelbar zu beeinflussen.
- Wir überschätzen unsere Fähigkeit, Organisationen schnell zu verändern, und wir unterschätzen, was wir auf lange Sicht erreichen können (frei nach Rainer Petek).
- Wir überschätzen meist die rationalen Aspekte der Kultur und wir unterschätzen die emotionalen Faktoren.

## Die Macht der Gefühle

Wir unterschätzen zunächst häufig die Kraft positiver Emotionen und Gefühle: die Freude, die Lust, der Spaß, die Begeisterung, das Lachen, die Freundlichkeit – das alles wirkt ansteckend. Wie bei einer guten Design-Challenge in der D-School. Wir spüren es, wenn Menschen so etwas ausstrahlen. Wir spüren es, wenn wir mit Kolleginnen und Kollegen zusammen sind, die diese emotionale Kompetenz haben. Und wir sind dankbar dafür. Besonders wenn diese mit fachlicher Kompetenz zusammengeht. Beispielsweise in der Medizin. Der berühmte Arzt, Erfinder und Kardiologe Bernard Lown, dessen Erfindungen und Heilkünsten Hunderttausende ihr Leben verdanken, hat es einmal so ausgedrückt: »Vertrauen und Optimismus besitzen lebensspendende Qualitäten.« Und der deutsche Diagnostiker Walter Möbius formuliert es ähnlich: Das »nicht direkt Messbare« sei im Kontakt zwischen Arzt und Patienten von größerer Bedeutung, als wir oft annehmen: »Patienten, die mit einem künstlichen Hüftgelenk die Klinik verlassen, kann man zählen, die mit einem Lächeln nicht.«

## Schattengefühle

Wir unterschätzen oft aber auch die Macht negativer Emotionen und Gefühle. Die meist unausgesprochenen Zweifel und Selbstzweifel, die Sorgen und Frustrationen – und die darin verborgenen Widerstände und Widersprüche, die allen Beteiligten zu schaffen machen. Sie können in manchen Organisationen ziemlich mächtig werden. Ich bezeichne sie als »Schattengefühle«, weil sie in der Regel nicht offen artikuliert werden. Sie sind das Pendant zu dem, was wir Schattenorganisation nennen. Beide beeinflussen und verstärken sich wechselseitig. Sie schwächen die Innovationsfähigkeit und die Resilienz von Individuen und Organisationen: Äußere disruptive Entwicklungen schlagen voll nach innen durch. Und zwar im negativen Sinne.

## Ausgebrannt – »The Burnout Generation«

Können Sie sich das vorstellen: ausgebrannt sein? Anfang 2019 erschien in den USA auf der Website des Magazins *BuzzFeed* ein Artikel von Anne Helen Petersen mit dem Titel *How Millennials Became The Burnout Generation*. Darin beschreibt die Autorin in einer Art Selbstprotokoll, wie sie mehr und mehr in den Sog der verdichteten Zeit und der täglichen Arbeits- und Kommunikationsanforderungen im ständigen Online-Modus geriet. Bis sie einen Grad der permanenten Erschöpfung erreichte, an dem sie gerade noch dazu kam, die dringendsten Dinge abzuarbeiten. Aber nur irgendwie, halbwegs, lustlos, mit einem ständigen Gefühl des Nicht-mehr-Nachkommens und des drohenden persönlichen Versagens.

Dieser Essay verbreitete sich blitzschnell in den klassischen wie in den sozialen Medien. Millionen erkannten sich darin wieder. Nicht nur die 20- bis 40-Jährigen. Viele von ihnen würde man eher zu den agilen Hochleistern zählen, die meist alles unter Kontrolle haben und in Organisationen mit innovativen Pilotprojekten betraut werden. Mitarbeiterinnen und Mitarbeiter, die selbstverständlich, manchmal virtuos mit den digitalen Technologien und sozialen Medien umgehen. Und die dies gerne tun. Auch weil sie zeigen wollen, dass die Etiketten, die manche Ältere ihnen einmal aufgeklebt hatten, von Vorurteilen geprägt waren.

## Wenn das Explore zum Exploit wird

Nein, die Millennials und Jüngere wollen nicht nur Spaß haben, sondern hart arbeiten. Und dies auch über die geregelten Arbeitszeiten hinaus. Die Vorstellung einer Work-Life-Balance halten einige von ihnen sowieso für ein wenig verstaubt. Play@Work and Work@Play, wie das der Agile Speaker Jurgen Appelo nennt. Doch die Grenzen verschieben sich weiter. Projekt- und Privatsphäre scheinen sich in einer digitalisierten und globalisierten Welt kaum noch strikt abgrenzen zu lassen.

Vor allem: Jeder spürt den ständigen Druck, vorne mitzuspielen, nicht nachzulassen und nichts zu verpassen. Ein Druck, der durch Selbstoptimierungsversuche, Fitnesstracker und eingeschobene Yogatermine nicht abnimmt, sondern eher zunimmt. Der sich in To-do-Listen spiegelt, die immer länger werden, die nie aufhören, die sich kafkaesk aus einem nützlichen Ordnungssystem in ein Ungeheuer verwandelt haben. Altrichterliche Verordnungen werden diese Ungeheuer sicher nicht bannen.

Irgendwann sind manche wirklich ausgebrannt. Sie sind voller Enthusiasmus im Explore-Modus gestartet und landen unsanft im Zustand des Exploit. Die Treiber der digitalen Transformation werden selbst zu Getriebenen. Kennen Sie das?

## Angst

Und dann ist da noch die Angst. Die verdeckte, leise, diffuse Angst. Die kaum jemand offen äußert. Vor allem nicht in einer Gruppe (von meist männlichen Kollegen, die gern von ihren sportlichen Erfolgen erzählen). Dabei sind auch Spitzensportler nicht vor Angst gefeit, wie wir wissen. Warum sollte es normalen Mitarbeitern anders gehen? Manche fragen sich: Was passiert mit mir in einigen Jahren? Wo stehe ich dann? Schaffe ich es dann noch, die Anforderungen zu erfüllen? Werde ich noch gebraucht? Da hilft es nicht zu sagen: »Sie müssen aber keine Angst haben!« Wer will den Menschen vorschreiben, welche Gefühle sie haben oder nicht haben sollen?

Sicher, wir könnten diese Ängste abtun mit den üblichen Zuschreibungen, die in Organisationen mit Vorliebe gebraucht werden: »Lähmschicht«, »Bedenkenträger« etc. Aber sind diese Bilder in diesem Kontext stimmig? Haben nicht viele Menschen heute die Befürchtung, mit dem Tempo der Veränderung nicht mehr mitzukommen? Ist dies nicht das eigentliche Problem der Geschichte, wenn wir von Kulturveränderung sprechen? Sei es in klassischen Organisationen oder in der Gesellschaft?

## Off the record

Es gibt eine hübsche kleine Geschichte von Peter Thiel im Gespräch mit Eric Schmidt von Google. Off the record – so glaubten sie. Sie dachten, die Mikrofone wären ausgeschaltet. Zuvor hatten sie sich offiziell über die Zukunft der Computer- und der Tech-Industrie unterhalten. Nun wähnten sie sich aber unter sich. Thiel zu Schmidt ganz trocken: »If you look at it from the perspective of forty years in the future, Moore's Law is good if you're a computer. But the question is: how good is it for human beings?«

Moore's Law. Vereinfacht gesagt: Das meint die Verdoppelung der Prozessorleistung für Computer (eigentlich der Anzahl von Transistoren, die auf einen integrierten Schaltkreis passen) etwa alle anderthalb Jahre (ursprünglich in einem Zeitraum von einem Jahr).

Eine Zeit lang meinten manche, dass dieses Gesetz – das eigentlich kein Gesetz, sondern eine empirische Beobachtung ist – in diesen Jahren auslaufen würde. Doch Zeiss, Trumpf und das niederländische Unternehmen ASML sorgen mit EUV-Technologie dafür, dass dieses Gesetz noch für einige Jahre Gültigkeit haben wird. Eine unglaubliche Leistung und vermutlich eine wirkliche Disruption. Dank der EUV-Technologie rücken Chips in der Größenordnung von fünf Nanometern in greifbare Nähe. Und die großen Chiphersteller wie Samsung oder Intel sind auf diese Technologie angewiesen.

## Unvorstellbare Leistungssteigerung

Diese Leistungssteigerung, die mit einer fantastisch anmutenden Strukturverkleinerung einhergeht (die Größe der Halbleiterstrukturen nähert sich allmählich Atomdimensionen an), ist unvorstellbar. So unvorstellbar wie die Einschätzung mancher Experten, dass die Rechenleistung der Systeme des maschinellen Lernens noch viel schneller wächst. »Kurz und verständlich formuliert: Die neuen KI-Systeme verdoppeln im Moment im Schnitt alle dreieinhalb Monate ihr Tempo«, so Christian Stöcker.

## Wie kann ich da mithalten?

Doch gerade dieses Unvorstellbare nährt diffuse Ängste. Und wenn man sie auf sich selbst bezieht, bleiben sie nicht diffus. Sie verwandeln sich in konkrete Ängste. Man kann sich das unschwer ausmalen: Wenn diese Leistungsexplosion anhält – wie kann ich da mithalten? Werde ich künftig noch gebraucht? Wann werden smartere, schneller lernende »Kollegen« mich ersetzen? Mich und meine Tätigkeit? Meine Entscheidungen? Also meine Meisterschaft und Autonomie, auf die ich bislang so stolz war?

Auf den Punkt gebracht und als Frage formuliert: Ist die technologische Veränderungsgeschwindigkeit höher als die menschliche Adaptionsgeschwindigkeit?

Dazu kursiert im Netz ein Schaubild, das auf verblüffende Weise der Skizze zum »Innovator's Dilemma« gleicht, die wir uns im Kontext der strategischen Herausforderung angeschaut haben. Es geht ursprünglich auf Eric »Astro« Teller, den »Captain of Moonshots« der Google X Laboratories, sowie auf den New-York-Times-Kolumnisten Thomas Friedman zurück. Es wird im Netz als eine Feststellung (nicht wie hier als Fragestellung) behandelt und als das große Leadership-Rätsel dieser Zeit heftig diskutiert, vor allem in den USA.

### Rate of Change

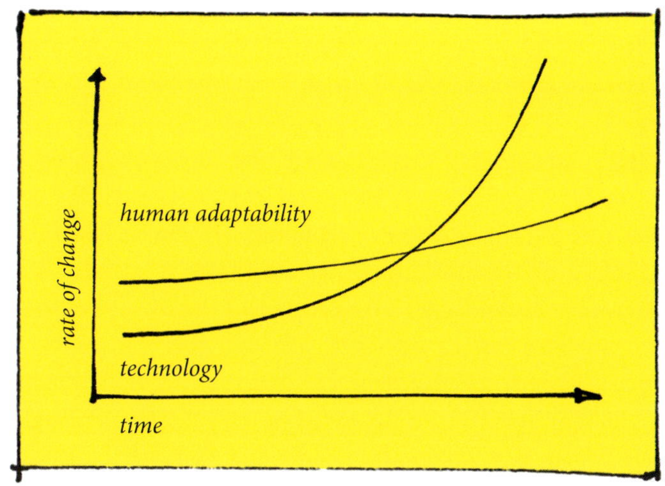


Das Schaubild veranschaulicht den rationalen, scheinbar »objektiven« Kern der Befürchtungen vieler Menschen. Auch wenn es nur die subjektive Wahrnehmung zweier amerikanischer Technologie-Beobachter spiegelt. Aber diese Wahrnehmung teilen viele. Die zwei Geschwindigkeiten in der Organisation, von der wir an anderer Stelle gesprochen haben, bekommen eine zusätzliche Plausibilität. Und eine andere Bedeutungsdimension.

## Ein Herausforderer, der schnell lernt

Ich nenne es die Große Disruption oder die kommende kulturelle Disruption. Ein Angriff auf Mensch und Organisation. Ein schleichender, asymmetrischer Angriff. Einige werden mehr, andere weniger getroffen. Manche – zunächst – überhaupt nicht. Doch dieser Angriff wird einige unserer Grundannahmen ins Wanken bringen, auf die wir besonders stolz sind. Sie werden bedroht von einem Herausforderer, der in vielen Bereichen ziemlich schnell lernt.

Wer in einem Deep-Tech-Start-up oder im Innovationslabor eines Technologieführers an vorderster Front mit neuen Technologien arbeitet, wird die Entwicklung möglicherweise anders sehen. (Oder die eigene Adaptionsgeschwindigkeit eher der steil ansteigenden Technology-Kurve zuordnen.) Das ist verständlich.

Ich empfehle deshalb auch, der Teller-Kurve eine freundlichere, spielerische Grafik zur Seite zu stellen. Eine Grafik, die das Mensch-Maschine-Thema gleichwertiger und gleichsam kollegialer erscheinen lässt. Verbunden mit der offenen Frage:

**Was lernen wir voneinander?**

## Neue Welt – alte Welt?

*KI und humane Intelligenz: Was lernen wir voneinander?*

Dieses »Denkbild« können Sie – allein oder in Kombination mit der Teller-Kurve – als Anstoß nutzen, um beispielsweise in Workshops oder Führungsklausuren die Frage zu reflektieren: Was brauchen wir, um künftig »auf Augenhöhe« mit unseren digitalen Helfern und KI-Systemen zusammenzuarbeiten? Welche technischen Kompetenzen, aber auch welche sozialen Fähigkeiten werden von uns in Zukunft erwartet? An welchen Qualifikationen für morgen sollten wir arbeiten?

Doch das ist bloß ein Ausschnitt der Fragen, die wir zu beantworten haben. Sie zeigen, dass es nicht reicht, nur auf die altbekannten Erfolgskonzepte zu setzen und die Botschaften der letzten Jahre zu wiederholen. Vor dem Hintergrund der Großen Disruption schwinden manche Gewissheiten. Ein Mehr vom selben ist nicht die Lösung. Der drohende Burnout löst sich nicht durch mehr Optimierung auf. Die Angst vor dem Tempo der Veränderungen verschwindet nicht, wenn wir mehr Digitalisierung fordern. Das ist alles ziemlich harmlos. Und eine verordnete Kulturveränderung wird daran nichts ändern.

Auch deshalb gilt es, innezuhalten. Versuchen wir einmal, disruptives Denken auf uns selbst, auf unsere eigene Vorstellungswelt, auf das eigene Denken anzuwenden:

Wie kommen wir aus dem Hamsterrad unserer Vorstellungen von einer richtigen Unternehmenskultur raus? Wie können wir die Widersprüche in der Organisation produktiv machen? Wie können wir überraschend einfache Lösungen finden, die den Nerv treffen? Wie können wir es schaffen, die Gefühle der Erschöpfung und die Befürchtungen der Mitarbeiter zu antizipieren, aufzugreifen und positiv zu wenden? Und: Wie können wir verhindern, dass die Große Disruption irgendwann unsere Organisation zerreißt?

Sie werden auf diese Fragen unterschiedliche Antworten finden. Eine aber scheint mir wie ein roter Faden alle zu verbinden. Es ist nach meiner Einschätzung der Kern der kulturellen Herausforderung dieser Zeit: Encourage people!

## »Encourage people!«

»Menschen stärken!« Nicht allgemein. Nicht die Menschheit. Nicht die Mannschaft. Nicht unsere Anhänger. Nicht unsere Abteilung. Sondern jeden Einzelnen! Denn jeder Einzelne ist unverwechselbar. Jedes Individuum ist einzigartig. Wie das menschliche Gehirn. Oder unser Fingerabdruck.

Manche glauben, es komme in dieser Zeit ausschließlich darauf an, Vernetzung und Teamorientierung voranzutreiben und das »Wir« großzuschreiben. Aber das reicht nicht. Es ist zu allgemein, zu plakativ, zu grob. Zudem meist wirkungslos. Gerade wenn wir mehr Vernetzung wollen und wir uns möglichst überall in der Organisation schnelle, kreative, vernetzte Teams wünschen, brauchen wir die Achtsamkeit für den Einzelnen und das kreative Selbstvertrauen der Einzelnen.

Das gilt gerade für Hochleistungsteams, zum Beispiel im Basketball oder im Fußball. Heute muss ein Trainer oder eine Trainerin alle Spieler individuell ansprechen und sie mit ihren individuellen Stärken in das Team einbauen. Nur dann entsteht wirklich ein gutes Team.

Beim innovativen, langfristig denkenden Vorarlberger Hidden Champion Julius Blum gibt es für das unternehmensinterne Veränderungsteam ein paar einfache Grundsätze, die vom Leitbild eines selbstständig handelnden Mitarbeiters ausgehen. Dazu gehört es, bei jeder geplanten Veränderung zunächst bei sich selbst anzufangen, selbst auszuprobieren, wie sich das anfühlt. Sowie jeden einzelnen Mitarbeiter einzubeziehen. Alle persönlich nach ihrer Einschätzung zu fragen.

Das ist übrigens auch meine Erfahrung in Veränderungsprozessen: Nur wenn jeder einzelne Mitarbeiter angesprochen, gefragt und in die Kommunikation einbezogen wird (nicht nur pro forma), besteht die Chance, dass ein Veränderungsprozess gelingt. Die Aufgabe ist deshalb eine doppelte (wen wundert es?):

**die Vernetzung der Einzelnen stärken**
**und**
**den Einzelnen in der Vernetzung stärken!**

Dabei wird es nun nicht nur darum gehen, Routinen zu brechen, sondern neue Gewohnheiten zu schaffen – und diese wieder in die täglichen Routinen einzuführen.

Wie können wir uns das beispielhaft vorstellen? Und was können wir dafür tun?

Fünf Ansatzpunkte für eine neue kulturelle Achtsamkeit:

### 1. Führungskultur – Haltung und kleine Gewohnheiten

Jeder Mensch ist einzigartig, ein Unikat, ein Unikum. Mit einzigartigen Potenzialen. Mitzuhelfen, dass diese Potenziale im Zusammenspiel wachsen, dass sie sich entfalten können und nicht behindert werden, ist unsere Aufgabe. Überall. Wo auch immer wir in der Führung tätig sind. Das gehört zur Führungskultur. Und Führungskultur ist das, was wir wirklich alle selbst beeinflussen können in der Organisationskultur. In unserem eigenen Einflussbereich.

Es ist das, was wir selbst in der Hand haben und gestalten können. Das »selbst« im Selbst-disruptiv-Sein. Wir müssen nur den Feind in uns selbst überwinden. Der uns davon abhalten will, andere Wege einzuschlagen. Insbesondere Wege, die anderen helfen, zu wachsen und größer zu werden. Gerade wenn man selbst unter Druck ist. Da gibt es zum Beispiel den »Fünf-Minuten-Gefallen«, den der Wharton-Professor Adam Grant eingeführt hat: sich einmal die Woche bewusst die Frage stellen, wie man einem Menschen einen Gefallen tun kann. Etwa indem ich zwei Personen miteinander in Kontakt bringe. Einen solchen Gefallen könnte man als kleine Gewohnheit etablieren. Das gilt es zu schaffen: kleine, alltägliche Gewohnheiten. Das funktioniert. Und diese einzuhalten. Das funktioniert manchmal. Denn Kultur ist die Summe unserer Gewohnheiten (frei nach dem Rupert-Lay-Schüler Michael Löhner).

### 2. Kommunikation – individuell, problemlösend, dialogisch

Kommunikationsereignisse, -inhalte, -formen und -formate sind das Wichtigste, was sich an Organisationskulturen beobachten lässt. Systemisch gesprochen, besteht Kultur nur aus Kommunikationen. Im Alltag von Organisationen wird das ganz ähnlich empfunden: Wann immer irgendetwas hakt, scheint es stets mit Kommunikation zu tun zu haben. Und zwar mit der persönlichen Kommunikation. »Lasst uns reden«, heißt es dann. Face to Face.

Das wird zudem deshalb immer nötiger, weil die digitale Transformation nicht ruht, auch diese Domäne zu erobern. »Unser Algorithmus ist dank Machine Learning und seiner innovativen Architektur in der Lage, jedwede Art von Kommunikation zu individualisieren und zu emotionalisieren« – mit diesen Worten wirbt ein Hersteller von »Personal Business Machines« um Kunden. Aber sosehr auch Slack, Google Drive oder andere digitale Kollaborationstools die physische Team-Kollaboration in einem guten Umfeld unterstützen, es bleibt etwas Unersetzbares, Unverwechselbares in der direkten persönlichen Kommunikation. Besonders wenn dafür professionelle Methoden zur Verfügung stehen. Wenn die Teilnehmer gelernt haben, gute Fragen zu stellen und vor allem gut zuzuhören: »Ich weiß nicht, was ich gesagt habe, bevor ich nicht die Antwort des anderen gehört habe« (Norbert Wiener). Ein dialogisches Prinzip und zugleich zirkuläres Prinzip, das Menschen stärkt. Wir werden davon noch sprechen.

Wenn es Ihnen gelingt, dieses Prinzip in kleine Gewohnheiten zu gießen, es in Ihrem Bereich zu institutionalisieren und regelmäßig zu praktizieren, wird das die Kultur der Organisation vermutlich nachhaltig prägen. Vom Mentoring über Kreativ-Sessions mit der Haltung des Design Thinking bis zum Peer-Caching bzw. bis zum DiaLab.

### 3. Lernen – als Reise, personalisiert, tief, nachhaltig

Lernen, lernen, lernen. Wenn es irgendetwas gibt, das theoretisch unstrittig ist, dann die Priorität dieser Aufgabe. Praktisch spricht viel dagegen. Überlastung. Keine Zeit zu jeder Zeit. Sicher, jeder bildet sich fachlich weiter. Da gibt es keinen Mangel an Angeboten. Online und offline. Und dann gibt es die bewährten Weiterbildungsanbieter mit ihren Programmen für fachübergreifendes Lernen: Kommunikation 1 bis 3; Teambuilding; Design Thinking in drei Tagen; Digitalisierung als Blended-Learning-Lehrgang; Leadership-Development für Senior Manager in Wharton oder einer anderen Business-School mit eingespielten Programmelementen, die überall anerkannt sind. Das funktioniert seit Jahrzehnten. Da geht man als HR-Verantwortlicher kein Risiko ein, wenn man darauf zurückgreift. Oder? Vielleicht noch ein Kurztrip ins Silicon Valley. Man will ja mit der Zeit gehen. Aber das muss dann auch reichen. Sie werden manches davon kennen. Einiges ist inhaltlich und didaktisch hervorragend. Sonst hätte es sich nicht bewährt. Und doch haben wir heute den Eindruck: Das reicht nicht mehr. Es fehlt etwas. Was könnte das sein? Ich glaube, es sind drei Dinge. Und sie haben etwas mit Disruptive Thinking zu tun:

- Es fehlt oft das Überraschende, Ungewöhnliche – das »without box« in Inhalt und Form. Es gibt zwar in der Regel viele Gelegenheiten zur Vernetzung, aber zu wenig überraschende Begegnungen mit Kolleginnen und Kollegen aus ganz anderen Branchen, Sektoren, Disziplinen.
- Die Programme hören auf, wenn sie zu Ende sind. Man versucht zwar, irgendwie Transferformate nachzuschieben. Aber das wirkt oft künstlich. Es fehlt die Kontinuität über Jahre hinweg. So wie in der eingangs beschriebenen »Culture Journey«.

- Viele Lernprogramme sind standardisiert. Die Anbieter verkaufen von der Stange und die Teilnehmer lernen von der Stange. Dabei müsste Lernen überall personalisiert und individualisiert werden. »Lernen ist das Individuellste, was es gibt«, hat Heinz von Foerster einmal gesagt. Er fügte hinzu: »noch individueller als die Liebe«. Aber die fehlt wahrscheinlich auch.

## 4. Das Unverwechselbare

Es ist ein wenig still geworden um das Thema »Corporate Identity«. Vielleicht zu still. Es taucht ab und zu auf bei Start-ups und Gründern, die aber bei CI vor allem an den visuellen Auftritt ihrer jungen Firma denken. Dabei ist Identität in anderen gesellschaftlichen Bereichen gerade ein Thema, das Menschen bewegt. So oder so. Ich vermute, es wird auch in Unternehmen wieder eine Renaissance erleben. Vielleicht dann unter einem anderen Namen. Denn es geht um das, was Organisationen unterscheidbar macht und Zugehörigkeit schafft. Es hat etwas mit der »home base« tun. Darüber haben wir gesprochen.

Eine Zeit lang haben wir vielleicht geglaubt, agile Methoden und Räume könnten so etwas wie ein neues Zugehörigkeitsgefühl schaffen. Aber sosehr wir das schätzen: Mehr und mehr spüren wir, wie flüchtig manches davon ist. Und wie austauschbar. Sicher, wir können unsere Leute beispielsweise nach Berlin in einen der Co-Creation Spaces der Commerzbank oder von EY schicken. Dort können sie einiges lernen. Dort sieht es auch cool aus. Aber welche Geschichten werden die Mitarbeiter anschließend erzählen? Können die genannten Institute Vorbilder für einen Kulturwandel sein, den wir in unseren eigenen Reihen beflügeln wollen?

Überhaupt: Welche Geschichten werden in Ihrer Organisation erzählt? Welche würden Sie gerne selbst weitererzählen? Fragen Sie sich:

- Was ist es, das uns unverwechselbar macht?
- Was ist unser Eigenes, nicht von anderen Geborgtes?
- Was treibt uns selbst an?
- Was ist eigentlich der Sinn, das »Wozu«, nach dem wir streben?
- Was sind unsere Werte? Tatsächlich, nicht nur geschönt?
- Wo spüren wir diese in der Praxis?

Anders gefragt (mit den Worten des Filmemachers Kristian Gründling): Was würde passieren, wenn Menschen und Unternehmen beginnen würden, echt zu werden? Sie können sich auch mit der klassischen Redewendung fragen: What makes our company tick? Und sofort wird klar: Hier geht es um etwas, das eine ungeheure Kraft hat, auch wenn es sich nicht unter eine Nutzenfunktion fassen lässt.

## 5. Die Zeit – Kontinuität, Rhythmus, Geduld

An der Kultur der Organisation arbeiten heißt, die schöpferische, die kreative und die re-kreative Seite in uns selbst, in unseren Teams und in unserer Organisation insgesamt zu stärken. Es gilt, einen eigenen Rhythmus zu finden, herauszufinden, was wir selbst wirklich, wirklich gut können, welche Stärken wir ausbauen wollen. Als Individuen wie als Organisation.

Das sind die Aufgaben der kreativen Revolution in der digitalen Transformation. Wir brauchen auch in der Entwicklung der Organisationskultur Ambidextrie. Gerade hier: Agilität *und* Verlangsamung, Beschleunigen *und* Stopp sagen, das »Exploit« bewusst unterbrechen, Zeit für Regeneration, für Zuwendung und Zuhören gewinnen. Wie das Einatmen und das Ausatmen. Wie das Öffnen und Schließen in einem guten, professionellen Dialog. »Speed bedeutet nicht ›immer Vollgas‹«, heißt es in den SPEED-Leitsätzen von Porsche Motorsport. Wer etwas von Geschwindigkeit versteht, versteht auch etwas vom Rhythmus.

Und nur Organisationen, die dies hinbekommen und ihren eigenen Rhythmus finden, spielerisch und ernsthaft zugleich, werden es schaffen. Nämlich den zunehmenden Druck in positive Energie umzuwandeln und vielleicht wieder mehr Vertrauen aufzubauen. Das ist der Unterschied zwischen einer aufbauenden und einer abbauenden Umwandlung, um es mit einer Metapher auszudrücken, die aus der Schnee- und Lawinenkunde stammt. Also aus der Natur.

Wir lernen über die Entwicklung von Kulturen viel, wenn wir uns mit dem Wachsen und dem Kultivieren beschäftigen. Mit der Arbeit des Gärtners, Försters, Bauern oder des Weinbauern. Die Rebe wächst nicht schneller, wenn man an ihr zieht. Die Arbeit im Weinberg und im Keller erfordert Geduld. Oft kann man gar nichts tun. Dann gilt es, im rechten Augenblick einzugreifen, die richtige Entscheidung zu treffen, und zwar in der richtigen Dosierung. »Eile mit Weile«, wie schon der Volksmund weiß.

Wenn Sie keine Zeit haben, wenn Sie spätestens in ein oder zwei Jahren erstaunliche Ergebnisse im Kulturwandel sehen wollen, können Sie es vergessen. Machen Sie etwas anderes. Es gibt andere, schnellere Spiele. Doch gerade wenn Sie Fortschritte messen wollen, brauchen Sie Kontinuität und einen Rhythmus. Zum Beispiel (mindestens) alle zwölf Monate einen »Return to home base«, eine Selbsteinschätzung: Wo stehen wir? Gekoppelt mit einer Befragung der Mitarbeiter (möglichst individuell), mit einer gemeinsamen Reflexion, mit einer Neujustierung und zum Beispiel mit der Wahl eines Schwerpunktthemas für das kommende Jahr. Vielleicht schaffen Sie so immer wieder aufs Neue eine Day-One-Mentalität *und* zugleich ein Gespür für Kontinuität.

**Die drei Fragen (vor dem Weiterlesen)**

- Gibt es so etwas wie Rhythmen in Ihrer täglichen Arbeit? Gibt es das auch in Ihrer Organisation, in Ihren Prozessen, in Ihrer Kommunikation? Wie würden Sie diese beschreiben?
- Wann haben Sie das letzte Mal eine Pause gemacht? (Auch beim Durchblättern dieses Textes?)
- Wie lange sind 30 Sekunden? Wenn Sie diese nicht mit irgendeiner Tätigkeit füllen? (Probieren Sie das mal in Ihrem nächsten Meeting oder Workshop aus: Stoppen Sie die Zeit, und bitten Sie alle, nicht zu reden oder ihr Handy zu nutzen.)

## *Gefühle*

Hören Sie in die Organisation hinein; spüren Sie, was bewegt und neu entsteht.
Vermeiden Sie die Homo-faber-Illusion.

## *Sich kümmern*

Fangen Sie im eigenen Einflussbereich an, experimentieren Sie, spielen Sie, begeben Sie sich auf eine Reise.

## *Individuen*

Fragen Sie jeden Einzelnen.
Fördern Sie die Einzelnen in der Vernetzung und die Vernetzung der Einzelnen.
Kompromisslos.

## *Unverwechselbarkeit*

Was macht die Menschen unterscheidbar? Was macht Ihr Team unterscheidbar?
Was macht Ihre Organisation unterscheidbar?

## *Ecosysteme*

Kultur heißt kultivieren: von den Egosystemen zu den Ecosystemen,
von der Schnelligkeit zur Nachhaltigkeit. Also Purpose mit Sinn.

## *Balance*

Machen Sie Widersprüche fruchtbar. Es geht darum, Wertekonflikte auszubalancieren.
Einen Rhythmus zu finden. Einen langen Atem zu haben.

# Warum?

Methoden, Tools, Denkbilder

## Womit beginnen?

Es gibt eine anhaltende Diskussion im Management und in der Beraterszene über das »Wie« möglicher Interventionen: Wie und womit beginnen? Da gibt es die einen, die dafür plädieren, an den Werten anzusetzen und über die damit verknüpften Prozesse des Dialogs und des Lernens allmählich die Unternehmenskultur zu beeinflussen. Dann gibt es andere, die der Überzeugung sind, es komme vor allem und zunächst darauf an, das Umfeld, die Rahmenbedingungen und Räume zu verändern. Dann könnten auch das Verhalten der Mitarbeiter und die Organisationskultur beeinflusst werden.

### Verändern – aber wie?

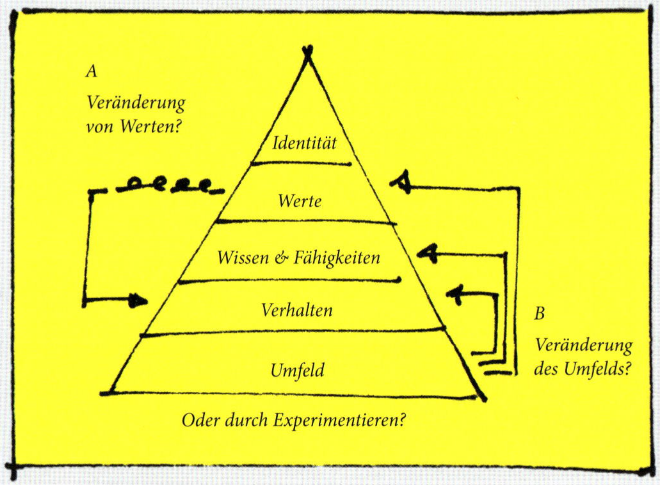


*Frei nach Eike Wagner*

Schließlich gibt es in letzter Zeit mehr und mehr Stimmen, die dafür plädieren, »einfach zu machen«, die für parallele multiple Experimente votieren. Nach dem Motto »You don't change a culture, you hack it«, so der »Unruhestifter in Sachen Agilität« Torsten Scheller.

## Müssen wir uns entscheiden?

Wäre ich gezwungen (ich hoffe, niemand versucht das), mich für eine jener Optionen zu entscheiden, würde ich vermutlich zunächst die letztere wählen, weil sie das experimentelle, spielerische Anfangen ermöglicht. Und weil sie dadurch genau dem entspricht, was die neue Welt der agilen Methoden, der beweglichen Tech-Firmen und schnellen Start-ups auszeichnet: Fang einfach an! Aller Anfang ist leicht!

Dies wirkt ansteckend. Schon bald finden sich andere, die das auch ausprobieren wollen. Denn meine Beobachtung ist: Die Kultur wird in vielen Organisationen spielerischer. Und divergenter. Und weiblicher. Durch Einflüsse aus der New-Work-Bewegung, durch Impulse aus der Welt der neuen agilen Methoden und durch die vielen spielerischen Gestaltungsmöglichkeiten der digitalen Geräte und des App-Universums. Warum nicht als Auftakt zu Ihrem nächsten Meeting zu einer Online-Dance-Party einladen? »Work hard and have fun« – auch das ist natürlich widersprüchlich. Das ist ja der Reiz daran.

## Kulturunterschiede

Kulturunterschiede zwischen Start-ups und Konzernen lassen sich auch an den typischen Aussagen von Mitarbeitern festmachen:

| Start-up | Konzern |
|---|---|
| Lass uns das mal ausprobieren. | Und wie sollen wir das in SAP abbilden? |
| Das geht schon irgendwie. | Dafür haben wir in diesem Jahr keine Ressourcen mehr. |
| Morgen fangen wir damit an! | Lass uns in KW 29 dazu mal ein Kick-Off-Meeting machen. |
| Nicht immer einfach, nervt manchmal, aber macht großen Spaß! | Ich muss halt die zwei Jahre noch vollmachen, sieht sonst komisch aus. |

*Quelle: über LinkedIn*

Das ist übrigens nicht alles völlig neu. Innovative Unternehmer waren schon immer Ausprobierer und kreative Unruhestifter. Sie haben nicht gewartet, bis alles in einem perfekten Masterplan durchdacht und von allen wichtigen Entscheidungsträgern abgenickt wurde. Sie haben losgelegt, Freiräume geschaffen und Menschen Mut gemacht, selbst loszulegen und zu experimentieren. Mit Rückendeckung, versteht sich. Wir würden heute dazu sagen: Sie haben den kreativen Entrepreneuren psychologische Sicherheit gegeben.

### Innovative Unternehmenskultur – Freiräume schaffen, inspirieren und experimentieren

»Freiräume schaffen und eine entsprechende Atmosphäre, die inspiriert, sowie fähige Leute suchen.« Das war das Konzept von Berthold Leibinger bei Trumpf im schwäbischen Ditzingen – beim Bau des ersten Trumpf-Lasers Anfang der 80er-Jahre. Berthold Leibinger stellte ein junges Entwicklerteam zusammen, darunter Physiker und Mechaniker, die wussten, wo es beim Kunden hakt, gab ihnen Geld und Zeit und lagerte sie aus der Firmenzentrale aus, wie das *Handelsblatt* schrieb. Er schaffte einen kleinen Thinktank, der Neues austüftelte: »Eineinhalb Jahre später hatten wir einen Laser, der ein Quantensprung war, zuverlässig und kompakt, und er war unser Laser«, erzählt Leibinger.

## Die Realität ist hartnäckig

Gleichwohl: Sie haben sicher auch schon erlebt, was passiert, wenn Neuerer von außen mit frischen Ideen ins Unternehmen kommen und vom »Immunsystem« der alten Organisation abgestoßen werden. Oder wenn innovative Mitarbeiter etwas Neues ausprobieren wollen und mit den alten Regeln der Organisation (beispielsweise mit den Belohnungssystemen) in Konflikt geraten. Das geht meistens schief.

Die alten Regeln sind den Menschen in Fleisch und Blut übergegangen. Sie spiegeln sich in ihren Gewohnheiten und Verhaltensweisen. Hinter den Regeln wiederum verbergen sich die über Jahre hinweg gelebten Grundannahmen und Werte.

Dazu gehört zum Beispiel bei vielen Hochleistern die Vorstellung von höchster Qualität und die damit verbundene Haltung, sich nicht den geringsten Fehler erlauben zu dürfen. Und dann kommen Neuerer, die völlig davon überzeugt sind, dass Schnelligkeit vor Perfektion geht, wenn man im engen Kundenkontakt steht und iterativ arbeitet. So entsteht ein Wertekonflikt. Und meist wird er nicht offen ausgetragen. Was tun?

## Visualisieren

Manchmal hilft eine einfache Visualisierung: Was gibt es für unterschiedliche Aktivitätsmuster in unterschiedlichen Phasen unseres Tuns? Von uns selbst, unseren Teams oder überhaupt in der Organisation? Dazu gibt es ein Schaubild von Jurgen Appelo (auf der rechten Seite), das sehr schön veranschaulicht, dass Experimentieren immer auch mit Scheitern verbunden ist. Aber eben auch mit Lernen. Und dass dieses lernende Experimentieren von netzwerkartigen Strukturen besonders gefördert wird. Ich bin nicht völlig einverstanden mit der Hintergrundstruktur der rechten Fläche dieses Triptychons. Sie erscheint mir etwas zu starr-hierarchisch. Aber hier geht es ja um einen ersten Anstoß zur Reflexion und Diskussion. In der Realität haben wir es meist mit vielschichtigen Praktiken und bunter gemusterten Spielfeldern zu tun …

In meinen Workshops visualisiere ich das Thema Lernen (und Scheitern) gerne noch mit einer weiteren Grafik (rechts neben der Grafik von Appelo): Sie veranschaulicht, warum es auch bei Profis manchmal einen inneren Widerstand gibt, sich auf ein neues Feld zu begeben. Dabei geht es wiederum um Angst. Die Angst davor, erst einmal in der Leistung abzufallen, Was ein anderes Wort für »scheitern« ist. Und was meist der Fall ist, wenn man anfängt, etwas Neues zu lernen. Es braucht Mut, diese innere Hürde zu überwinden. Und vor allem braucht es ein Umfeld, das diejenigen ermutigt und unterstützt, die sich aus ihrer bisherigen Domäne herauswagen.

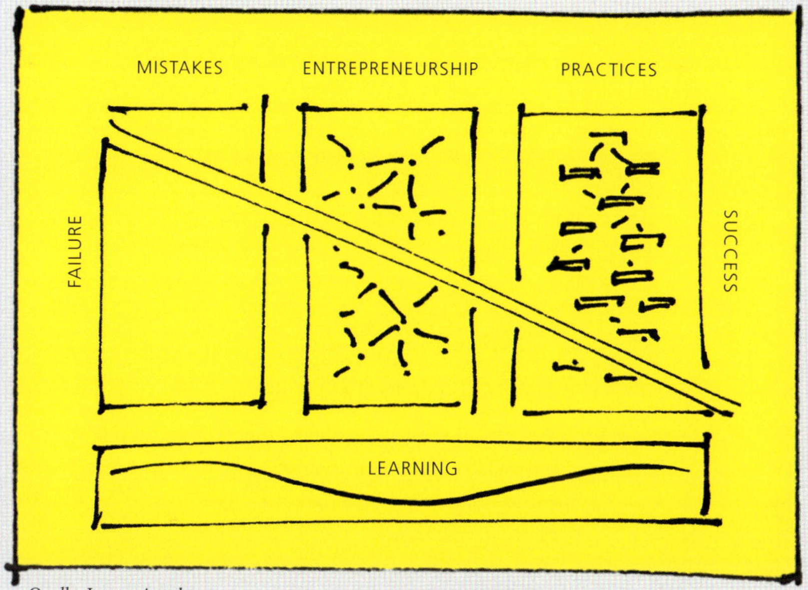


*Quelle: Jurgen Appelo*

## Neues Lernen: Woran es oft hakt

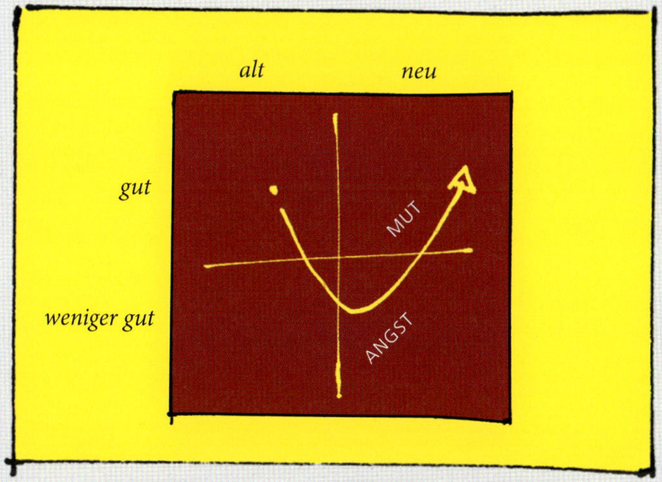

## Komplexe Spiele

Deshalb empfehle ich Ihnen: Engen Sie sich nicht auf eine Option ein! Sicher, aller Anfang ist leicht, wenn man es spielerisch nimmt. Aber das Spiel der Unternehmenskultur (es ist in mancher Hinsicht tatsächlich ein Spiel) ist ziemlich komplex.

Daher: Achten Sie auf das Zusammenwirken der Elemente, auf das Zusammenspiel. Darauf kommt es letztlich an. Vielleicht stellen Sie sich wirklich ein Spiel vor. Fußball, Eishockey oder Basketball. Dazu gehören: Spieler (Personen), Spielaufbau und Spielzüge (Programme und Routinen), Spielpraktiken und -techniken (Methoden), Spielfelder (Räume), Spielregeln (Prinzipien und Werte), Sponsoren, Leidenschaften und noch einiges mehr.

Kein Coach oder professioneller Spieler würde auf die Idee kommen, man könne auf irgendetwas davon verzichten. Und dann bedenken Sie, dass das Spiel Ihrer Organisation um ein Vielfaches komplexer ist. Und dass man bei diesem Spiel vieles nicht direkt, sondern nur indirekt beeinflussen kann. Sie sollten sozusagen über Bande spielen. Übrigens beeinflussen die Zuschauer und Medien (Beobachter) das Spiel auch – und oft mehr als der Trainer oder die Trainerin.

## Sich kümmern, pflegen, kultivieren

Und vielleicht noch wichtiger: All das muss gepflegt werden. Darum müssen sich Menschen kümmern. Wenn das nicht passiert, kann es geschehen, dass die Spiele nicht fortgeführt werden, dass andere Spiele interessanter werden, dass Spielvereinigungen eingehen oder die Spielplätze versanden. Das soll ja schon mal vorkommen.

Kultur hat deshalb im Kern mit dem Kultivieren zu tun. Der Ursprung des Wortes (lat. *cultura*, »Bearbeitung, Pflege, Ackerbau«) liegt im Fruchtbarmachen und in der Pflege des Bodens, im Ackerbau, im Weinbau und im Gartenbau. Deshalb brauchen wir mehr Kümmerer und Gärtner in der Führung als Helden und Kontrolleure. Und Zeit.

**Die verrückte, »disruptive« Uhr der Kultur**

Kultur ist eine Uhr mit scheinbar arretierten Zeigern. Sie wollen und wollen nicht vorrücken. Die angezeigte Zeit scheint lange Zeit stillzustehen. Was sich bewegt, wird nicht sofort angezeigt. Plötzlich bewegt sich das, was Sie auf dem Ziffernblatt sehen, ruckhaft, sprunghaft – leider nicht immer nach vorn. Um dann wieder zu verharren.

Wer an dieser Uhr irgendwie ungeduldig drehen will, wird scheitern. Da funktioniert kein Scrum, kein Sprint, kein Slam. Das hier ist eine andere Logik und ein anderes Spiel.

## Beeinflussbar oder nicht?

In Anlehnung an Fritz B. Simon möchte ich einige zentrale Elemente dieses Spiels skizzieren. Und zwar in einer bewusst schwarz-weiß gezeichneten Gegenüberstellung – der systemischen Auffassung von Organisationsentwicklung. Hier ein wenig zugespitzt. Es geht darum, was direkt durch Entscheidungen (des Managements, der Führung) beeinflussbar ist und was wir nicht direkt beeinflussen (allenfalls antizipieren) können.

| Nicht direkt durch Entscheidungen beeinflussbar | Direkt durch Entscheidungen beeinflussbar |
|---|---|
| Die Kultur der Organisation | Die Programme der Organisation (Regeln, Systeme, Werte, Prinzipien etc.) |
| Die informellen Wege der Kommunikation | Die offiziellen Wege der Kommunikation (Kanäle, Plattformen, Räume, Botschaften, Symbole, Veranstaltungen etc.) |
| Die überraschenden, »emergenten« Phänomene und Stimmungsumschwünge | Die Personen (Auswahl, Besetzung, Führung, Qualifikation, Lernen, das persönliche Wirken etc.) |

Das ist gar nicht so wenig (auf der rechten Seite). Aber nicht alles davon ist in unserer Reichweite.

## Und was können wir tun?

Die Frage, was wir tun können, interessiert natürlich am meisten. Es gibt Mittel, die uns helfen, diese Frage zu beantworten. Zum Beispiel das folgende Tool, das sehr nützlich und sehr einfach ist. Bestehend aus zwei schlichten Kreisen, genannt »Circle of Concern« und »Circle of Influence«. Wir sehen uns wie in einem zweifachen Spiegel: zwei Kreise, in denen wir uns verorten und bewegen können.

Der eine, der größere, ist der Circle of Concern. In großen Organisationen und Institutionen halten sich manche mit Vorliebe dort auf. Da ist alles irgendwie schwierig oder trübe. Da kann man vieles beklagen, bekritteln, schlechtmachen. Es läuft nicht so, wie man es sich wünscht. Das Glas ist bestenfalls halb voll. Und man glaubt, dass sich daran nichts ändern lässt. Man rutscht unwillkürlich in eine passive, reaktive Haltung hinein.

Der kleinere ist der Circle of Influence. Das ist der Bereich, den wir selbst beeinflussen können. Dieser Bereich ist objektiv kleiner, denn natürlich können wir selbst nur relativ wenig beeinflussen. Subjektiv kann er aber sehr groß sein. Er steckt voller Energie. Wenn wir uns darauf konzentrieren. Wenn wir mit Freude dabei sind. Allein und vor allem mit anderen zusammen. Dann steckt die Freude an. Und wenn wir das verstanden haben, beginnt er zu wachsen. Wir können ihn vergrößern. Wir werden zum aktiven Gestalter. Das ist die Aufgabe von Führung. Das ist der Keim der Führungskultur. Das ist das, was wir als Führungskräfte tatsächlich und jederzeit in der Unternehmenskultur beeinflussen können. Wo auch immer wir tätig sind. Das können wir gleich ausprobieren.

**Circle of Influence**
**Circle of Concern**

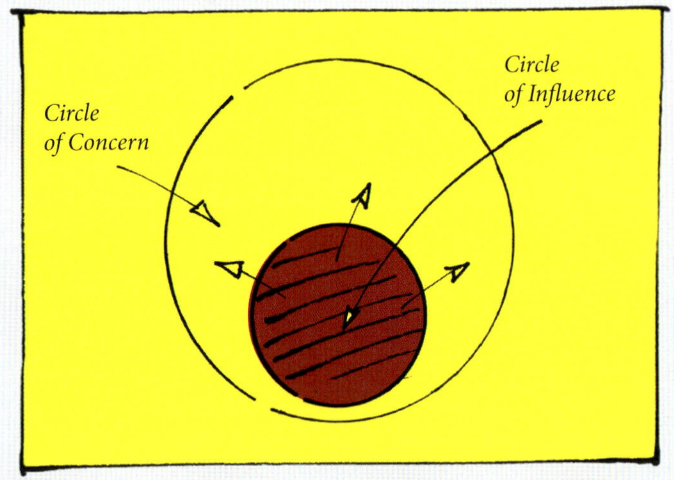

## Der Haufe-Quadrant

Der Haufe-Quadrant ist ein gut funktionierendes, leicht einsetzbares Tool für den Einstieg in die Diskussion und gemeinsame Reflexion in einem Workshop – am besten mit Vertretern verschiedener Einheiten einer Organisation, möglichst hochdivers zusammengesetzt. Er bietet einen »begehbaren« Orientierungsrahmen für Bestandsaufnahmen: Wo stehen wir mit der Organisation? Welche Widersprüche gibt es? Und was wäre der ideale Zustand, den wir erreichen wollen?

Er ist also eigentlich ein Werkzeug für die Organisationsentwicklung, doch er öffnet auch den Blick für die Organisationskultur.

### Die Lage in den Unternehmen

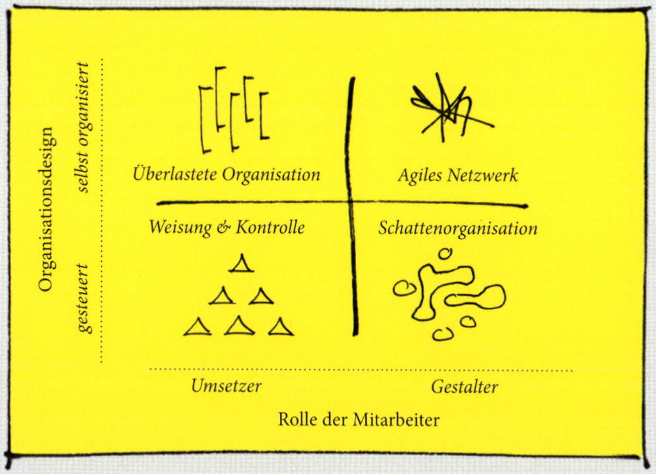


*Quelle: Haufe Akademie*

Sie bilden zwei Gruppen. Eine aktive und eine beobachtende. Die aktive Gruppe begibt sich in den Quadranten (der als Struktur auf dem Boden abgebildet ist), geht von Feld zu Feld und spricht über ihre Assoziationen. Was fällt uns dazu ein? Welche Erfahrungen haben wir damit gemacht? Und so weiter. Die außenstehenden Beobachter kommentieren anschließend das Gehörte und Gesehene. So entsteht ein gemeinsames Bild der unterschiedlichen Wahrnehmungen. Dieses Stimmungsbild können Sie in den Folgeschritten vertiefen: So können Sie beispielsweise die »Pain Points« genauer identifizieren. Sie können fragen, wo sich die Organisation (mehrheitlich) gerade befindet und warum (kein simples Entweder-oder). Auch ein möglicher Sollzustand kann so »kartografiert« werden. Zudem kann die technische Infrastruktur (Technologie, Arbeitsarchitektur etc.) als weitere Dimension hinzugefügt werden (Ist- und Sollzustand). Und Sie können erste Vereinbarungen treffen, wohin die Reise in den kommenden Monaten gehen und wie sie angelegt werden soll. Sie haben somit einen Bezugspunkt (oder besser: einen Bezugsraum) für die kontinuierliche Veränderungsarbeit in der Organisation.

## Das DiaLab

Das DiaLab ist für mich eines der mächtigsten Tools überhaupt. Eigentlich ist es eine Kombination aus praktischer Übung, Tool und Methode. Ein Format der wirksamen, dialogischen Kommunikation und kreativen Problemlösung. Es kommt aus der systemischen Arbeit.

Es bewirkt genau das, worüber hier gesprochen wird: Es stärkt die Menschen, jeden Einzelnen und zugleich das intelligente Wir: die Fähigkeit, durch Kooperation und Kollaboration gemeinsam Probleme zu lösen. Das gelingt durch ein bestimmtes Setting: Sie schaffen ein Umfeld, das hilft, mögliche Ängste abzubauen und Vertrauen aufzubauen. Jeder fühlt sich sicher und wertgeschätzt – auch wenn einem vielleicht gerade etwas misslungen ist. Die Form der Methode spiegelt die Werte des Respekts, der Co-Kreativität und der Kollegialität. Sie unterstützt eine Haltung, die der Kollege Daniel Coyle mit Blick auf gut funktionierende kleine Einheiten etwas zugespitzt den »Culture Code« von Teams genannt hat: »Build Safety. Share Vulnerability. Establish Purpose.« Daran gilt es spielerisch zu arbeiten.

Das Format geht von der Voraussetzung aus, dass in den meisten Fällen die nötigen Ressourcen (Wissen und Ideen) zur Problemlösung im System, das heißt in den Köpfen, selbst vorhanden sind. Es kommt nur darauf an, diese Ressourcen mit klar strukturierten Arbeitsschritten des Öffnens und Schließens gekonnt und respektvoll zu nutzen: Durch Kooperation und dialogische Kommunikation wird die Kreativität freigesetzt, die zur Lösung des Problems erforderlich ist. Es gilt, nicht vorschnell zu schließen oder zu werten, sondern erst zu sondieren und das Thema eine Zeit lang bewusst offen und in der Schwebe zuhalten. Dieses Herangehen (auch in unseren täglichen Meetings) erweitert den Lösungsraum und führt am Ende zu besseren Schlüssen und Entscheidungen. Und dazu braucht es nicht mehr als eine knappe Stunde.

### Das Setting des DiaLab

Das DiaLab basiert auf der Grundstruktur der kollegialen Beratung, auch Peer-Coaching genannt. Ich empfehle ein Setting mit drei Personen und Rollen: Fallbringer(in), Berater(in), Beobachter(in). Ein Fallbringer wählt für sich einen Berater, dieser wählt für sich zur Unterstützung einen Beobachter.

Eine Empfehlung: Probieren Sie diese Methode einfach mal in einem Ihrer nächsten Workshops aus (am besten mit Moderatorenunterstützung). Vor allem empfehle ich, sie beizubehalten, zu pflegen, in der Organisation zu kultivieren. Damit tragen Sie ganz unkompliziert zur Entwicklung der Kultur Ihrer Organisation bei. Und wenn Sie das kombinieren mit agilen Methoden, kurzen Sitzungen statt langen Stehungen, wird Ihre Organisation schneller.

Das DiaLab – professioneller, lösungsorientierter Dialog

## Arbeitsschritte – Ablauf

| | |
|---|---|
| > Fallbringer erzählt<br>(nur 1–2 Verständnisfragen des Beraters) | 10 |
| > Interview: respektvolle Fragen des Beraters | 10 |
| > Wie ist es dazu gekommen? (Berater plus Beobachter) | 10 |
| > Resonanz/Feedback des Fallbringers<br>Für mich sind das die drei wichtigsten Thesen<br>Dazu evtl. Frage des Beraters | 5 |
| Lösungsideen: zuerst Fallbringer | 5 |
| Danach Berater: ergänzen<br>Konkrete Umsetzungsideen<br>und Danke des Fallbringers | 5 |
| | = ca. 45 Min. |

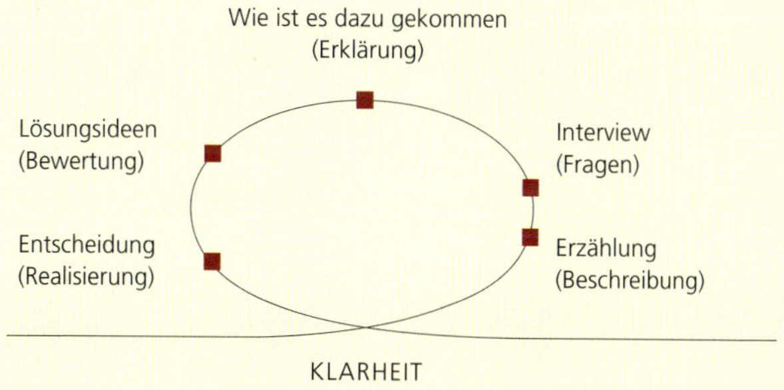

*Das DiaLab geht zurück auf Roswita Königswieser, David Bohm und andere*

## Der Transformation-Cycle

Was das DiaLab im Kleinen zeigt, gilt auch für größere Zusammenhänge: Das Verändern hat einen Rhythmus, eine zirkuläre Struktur. Wie ein guter Dialog. Öffnen und schließen. Lösen und feststellen. Es ist oft hilfreich, diese Abfolge einzuhalten. Wo auch immer Sie an Veränderungen arbeiten. Das verdeutlicht das Schaubild des Transformation-Cycle (hier in einer erweiterten Version). Selbst normale Meetings werden besser, wenn Sie als Moderator darauf achten, dass erst geöffnet (gefragt, gesammelt) und nicht gleich geschlossen wird, dass also nicht gleich voreilige Schlüsse gezogen werden.

**Der Transformation-Cycle**

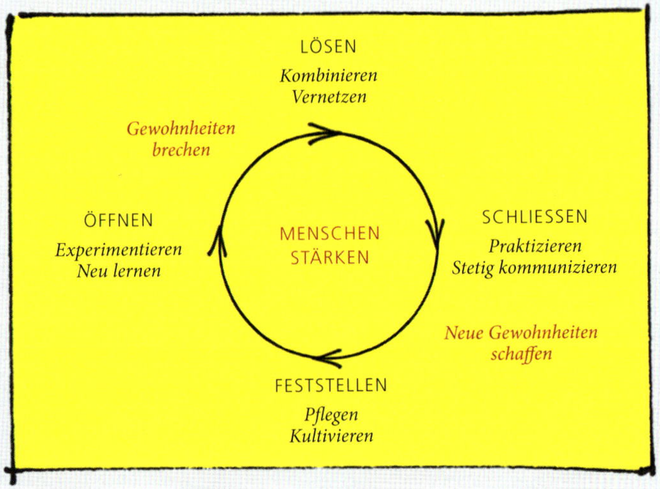


Nehmen Sie das Schaubild und packen Sie es in Ihre Denktoolbox. Sie werden verschiedene Gelegenheiten finden, damit zu arbeiten. Der nächste Veränderungsprozess kommt bestimmt. Ich kenne Unternehmen, die ihre ganze »Culture Journey« an diesem Bild ausgerichtet haben. Zum Beispiel, um damit zu signalisieren, dass es (jährlich, halbjährig) wiederkehrende Dialogveranstaltungen und andere Haltepunkte gibt, an denen das Erreichte gemeinsam reflektiert und zugleich mit Neuem experimentiert wird.

## Die Sache mit den Werten – das Alte vs. das Neue

Sie kennen das: Da wurden irgendwann Werte formuliert. Vielleicht sogar in einem aufwendigen Prozess mit Mitarbeiterbeteiligung. Nun stehen sie da: Zuverlässigkeit, Präzision, Verantwortung. Oder so ähnlich. Natürlich in geschliffener, ausgefeilter Form.

Aber es geht irgendwie nicht mehr an Sie ran. Zumal in den agilen Projekten längst – auch – andere Werte gelten. Explizit oder implizit: hier das Nullfehlergebot, dort die Aufforderung, früh zu scheitern. Hier das Ethos, nur absolut perfekte Dinge aus der Hand zu geben, dort die Vorstellung, dass man durch unfertige Prototypen schnell lernen kann. Wir haben das eben schon angeschnitten. Das sind Wertekonflikte. Die sich rasch zuspitzen können. Da braucht jemand nur etwas Abfälliges (zum Beispiel über die Softwareentwicklung von Boeing) zu äußern.

In einem ersten Schritt hilft es, diese Konflikte auf der Handlungsebene durch eine Visualisierung unterschiedlicher Aktivitätsmuster in einer Organisation zu entschärfen und dabei über das Experimentieren und das Lernen zu sprechen. So kommen Sie miteinander ins Gespräch.

In einem zweiten Schritt könnten Sie über die Prinzipien Ihrer Arbeit sprechen. Sie sind nicht überall gleich. Sie werden in der Grundlagenforschung oder in der Produktion anders lauten als in agilen Projekten. Irgendwann werden Sie über Ihre Werte reden. Haben die alten noch für alle Gültigkeit? Müssten wir sie reformulieren? Können wir sie operationalisierbar machen? Damit sie beispielsweise in Bestandsaufnahmen und Selbsteinschätzungen von Teams eine Orientierungshilfe bieten? Wie auch immer Sie vorgehen – es wird hilfreich sein, die Widersprüche zu akzeptieren und sie genauer anzuschauen. Möglicherweise ist das sogar ein interessantes Thema für eine Workshop-Reihe zur Zukunftsausrichtung der Organisation.

## In der Balance – das Wertequadrat des Disruptive Thinking

Das Wertequadrat des Disruptive Thinking – entwickelt in Anlehnung an das Wertequadrat von Nicolai Hartmann bzw. Friedemann Schulz von Thun – hilft uns, die Spannungsfelder der Kulturentwicklung ins Bewusstsein zu holen und damit produktiv zu arbeiten.

Wir brauchen beide Seiten: das Vorangehen, Experimentieren, Selbst-disruptiv-Sein, Radikal-neu-Entwickeln. Und das Sich-kollegial-Unterstützen, das Vermitteln psychologischer Sicherheit. Eine Wertebalance. Sie sorgt für Stabilität und Robustheit.

Was wir nicht brauchen, sind die verzerrten, negativen Ausprägungen dieser Werte, die uns nach unten ziehen: zum Beispiel das Abhängen und Gefährden der anderen oder ein Entwicklungsstopp. Das ist eine Frage der kulturellen Achtsamkeit und Sensibilität. Wenn wir nicht achtsam sind, entstehen nur allzu leicht Gegensätze, die Organisationen zerreißen können.

### Das Wertequadrat des Disruptive Thinking

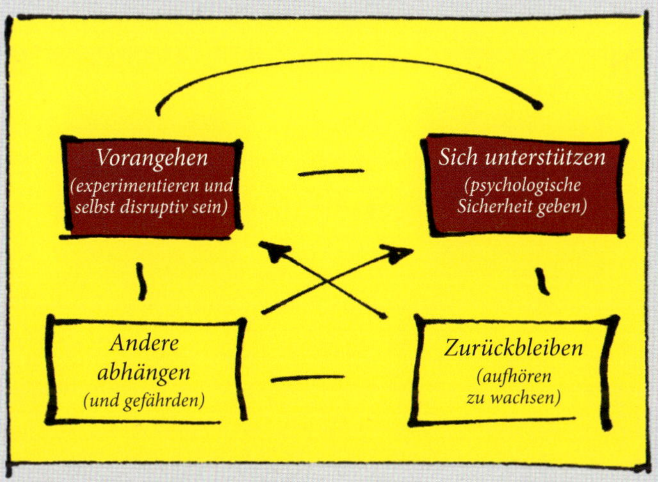


*Frei nach Friedemann Schulz von Thun*

## Warum? Von den Egosystemen zu den Ecosystemen

»Wieso? Weshalb? Warum?« heißt eine Kinderbuchreihe aus dem Ravensburger Verlag. Ich bin neulich darauf gestoßen, als ich an einer Raststätte an der Autobahn haltmachte. Warum, habe ich mich gefragt, werden diese Fragen, die so wichtig für Kinder sind, nicht auch häufiger von den Erwachsenen in ihren Organisationen gestellt? Es wäre jedenfalls zielführend. Viele Untersuchungen zeigen, dass Mitarbeitermotivation und Engagement steigen, wenn das Unternehmen die Warum-Frage überzeugend beantworten kann.

Gerade in einer ungewissen, von Brüchen und Umbrüchen geprägten Welt rückt die Frage nach dem gesellschaftlichen Sinn des eigenen Tuns, nach dem größeren Ganzen, nach der sozialen und nach der ökologischen Verantwortung ins Zentrum des Interesses. Und zwar nach meiner Beobachtung überall. Auch wenn das im eiligen Tagesgeschäft überspielt wird. Von den Egosystemen zu Ecosystemen – das ist eine mächtige Tendenz dieser Zeit. Nicht nur im digitalen Marketing. Und damit sind wir wieder bei den Werten. Oder bei der heute so oft gestellten Frage nach dem sogenannten »Purpose« unseres Tuns. Aus verschiedenen Gründen eine schwierige Frage. Dazu gleich mehr. Doch:

- Wenn es Ihnen und Ihren Kollegen gelingt, dieses größere Ganze schablonenfrei in den Zielen Ihrer Organisation zu formulieren,
- wenn sich dies in den Prinzipien der täglichen Arbeit Ihres Teams spiegelt,
- wenn dies seine Entsprechung im Alltag, in Innovationsprojekten, im geschäftlichen und außergeschäftlichen Engagement findet …
- … nur dann gibt es eine Chance, dass Sie das Thema Werte für die Weiterentwicklung der Kultur fruchtbar machen.

Im Sinne einer *nachhaltig innovativen Kultur* der Organisation. Das wäre vielleicht nicht vordergründig disruptiv. Aber es wäre ein antizipierendes Verhalten. Es würde Ihre Organisation für disruptive Zeiten stärken.

**Was ist unsere Antwort auf die Frage nach dem »Warum«?**

**Sind wir nachhaltig innovativ?**
**Nachhaltig?**
**Und innovativ?**

## To-think-Liste (Return to home base)

**1. Beobachtungen**

Wie würden wir die Kultur unserer Organisation beschreiben?

Haben wir dazu ein Bild? Können wir das skizzieren?

Wo sehen wir dabei die größte Herausforderung?

..............................................................................................

**2. Wünsche und Ziele**

Was würden wir gerne verändern/beeinflussen?

Wie sieht unser Zielbild aus?

Was können wir selbst dazu beitragen? In unserem Einflussbereich?

Was würden wir dazu gerne lernen?

..............................................................................................

**3. Mittel**

Welche der hier vorgestellten Übungen, Methoden, Tools wollen wir vor allem nutzen?

..............................................................................................

**4. Gestaltungsrahmen**

Wo und in welchem Kontext wollen wir das einsetzen?

Was benötigen wir dazu?

..............................................................................................

**5. Ansätze**

Welche Ansätze sehen wir bei uns für die Entwicklung einer nachhaltig innovativen Unternehmenskultur?

Wie und mit welchen Mitteln können wir diese verstärken?

Mit wem wollen wir uns dabei vernetzen/verbünden?

..............................................................................................

**6. Zeitraum/Rhythmus?**

..............................................................................................

**7. Unsere Erfahrungen**

..............................................................................................

**8. Weiterführende Ideen**

..............................................................................................

**9. Wie wollen wir das vertiefen/weiterverfolgen?**

..............................................................................................

## Ausblick – »Our Culture«: Wohin geht die Reise?

### Give Purpose a Chance

Noch einmal zum Thema Purpose. Natürlich gibt es heute kaum ein Unternehmen, das sich nicht damit schmückt. Georg Meck von der FAS munkelte bereits, dass »Purpose« als Managerfloskel des Jahres schwer zu schlagen sein dürfte. Alle schwören heute darauf: vom Blackrock-Chef Larry Fink über die BASF (»Bessere Lebensqualität für alle«) bis zur SAP (»Das Leben der Menschen zu verbessern«).

Manchem wird das Getue darum schon zu viel. Aber es zeigt, dass die Suche nach Sinn und nach gesellschaftlicher Verankerung in Unternehmen wahrgenommen wird. Nicht zuletzt weil es ein Thema der jungen Talente ist, die man gewinnen und binden möchte.

### Suche nach dem Glaubwürdigen

Doch gerade weil dieses Thema heute offenbar alle Firmen beschäftigt, werden sich Mitarbeiter und Partner fragen, was davon wirklich glaubwürdig und authentisch ist. Auch hier also die Frage nach dem Unverwechselbaren: Was ist das Besondere? Das Eigene? Das, was uns auszeichnet? Das, was unsere Organisation unterscheidbar macht? Und: Was hat wirklich Relevanz für die Menschen? Für die Umwelt? Für die Gesellschaft?

Wie ehrlich die Antworten sind, erkennen Sie nicht mit einem Blick auf die Homepage. Aber Sie spüren es sofort, wenn Sie in und durch das Unternehmen gehen und Fragen stellen:

- Sind damit Praktiken, Initiativen und konkrete Projekte verbunden, über die gerne gesprochen wird, weil die Mitarbeiter sich selbst dafür einsetzen?
- Sind die Mitarbeiter involviert? Gibt es dafür spezielle Programme?
- Unterstützt das Unternehmen konkrete Projekte nachhaltigen, zirkulären Wirtschaftens?
- Arbeitet die Organisation nach umfassenden Nachhaltigkeitskriterien, wie sie etwa das Netzwerk Fair'n Green entwickelt hat?
- Sind die Lieferketten und Wertschöpfungsnetzwerke nach sozialen und ökologischen Kriterien ausgerichtet?

#### Das zirkuläre Prinzip

Das zirkuläre Prinzip sagt: Alles kommt irgendwann wieder zurück. Also sorge gleich dafür. Wie bei einem guten Dialog. Ein Dialog funktioniert anders als ein Schlagabtausch oder ein Wortgeplänkel. In diesen dominiert das, was ich die lineare Schusswaffenlogik nenne: zielen und feuern. Vielleicht treffen. Aber in jedem Fall ist das Geschoss weg. Wir müssen uns nicht mehr darum kümmern.

Im Unterschied dazu hat ein Dialog eine zirkuläre Gestalt: Ich verstehe erst durch die Antwort, was ich gesagt habe. Ich weiß erst, was anders zu machen wäre, wenn ich auf das Feedback des anderen höre.

Zirkulär heißt: in Beziehung sein. Und unproduktive Verschwendung vermeiden. In der Wertschöpfung und in den Fertigungsprozessen, aber auch in den Meetings und Prozessen der Zusammenarbeit. Vielleicht ist dies die Kultur der Zukunft? Eine Kultur der überraschenden Einfachheit?

Wenn Sie sich über diese Fragen mit anderen engagierten Organisationen austauschen wollen, empfehle ich Ihnen den Kontakt mit Kolleginnen und Kollegen vom Netzwerk UPJ. Es ist das große Netzwerk für das Thema soziale und ökologische Verantwortung von Unternehmen, das ich vor einigen Jahren mitgründen durfte.

### Der Berliner Aufruf

Im »Berliner Aufruf« des UPJ-Netzwerkes heißt es:

»Die gesellschaftlichen Herausforderungen der Gegenwart können nicht mehr mit den einseitigen Rezepten der Vergangenheit gemeistert werden. Wir brauchen neue, grenzüberschreitende Wege des gesellschaftlichen Engagements im freiwilligen Zusammenspiel von Unternehmen, gemeinnützigen Organisationen, Initiativen der Bürgergesellschaft und der öffentlichen Hand. Nur gemeinsam können wir eine zukunftsfähige Gesellschaft gestalten. Nur so können wir eine nachhaltige Entwicklung ermöglichen. Das heißt: Mut zu Innovationen durch soziale sektorenübergreifende Kooperationen und damit Mut zu neuen gesellschaftlichen Perspektiven.«

## Innovation und Nachhaltigkeit zusammendenken

Im letzten Satz des »Berliner Aufrufs« klingt ein Gedanke an, der mich nicht loslässt: Es ist die Kombination von Innovation und Nachhaltigkeit – als Prinzip. Ein Prinzip, das zu Ende gedacht und konsequent angewandt in einem sehr umfassenden, gesellschaftlich nützlichen Sinne disruptiv wirken könnte.

Clayton M. Christensen nennt solche Innovationen, die nachhaltige ökonomische und gesellschaftliche Auswirkungen haben, »Market-creating Innovations«. Im Unterschied zu eher kurzfristigen »Efficiency Innovations« oder »Performance-improving Innovations«. Werden wir Innovationen entwickeln, die ganze Märkte neu schaffen, weil sie gesellschaftlich einen großen Nutzen stiften? Hier liegt ein riesiges Suchfeld für Sprunginnovationen. Daran zu arbeiten, wäre ein echter »Purpose«. Kommende Generationen könnten davon Geschichten erzählen.

## Eine Frage der Zeit: Geschichten erzählen

All das hat mit dem Thema Kultur zu tun. Kultur bedeutet: Geschichten erzählen können. Und dafür die Zeit haben. Nicht der Sekundentakt zählt hier. Vielmehr die Ausdauer, die Zähigkeit, die Langfristigkeit – eben die Nachhaltigkeit.

Eine kleine Geschichte zum Schluss. Sie stammt vom englischen Biologen und systemischen Denker Gregory Bateson und sie beginnt so: Vor einiger Zeit machte man im New College in Oxford eine unliebsame Entdeckung … (mehr auf der Folgeseite).

Vor einiger Zeit machte man im New College in Oxford eine unliebsame Entdeckung. Das New College ist für Oxford eine ziemlich junge Universität – sie stammt aus dem 14. Jahrhundert. Dort gibt es einen hohen Speisesaal, dessen Decke mit mächtigen Eichenbalken konstruiert ist. Alles war schön und gut bis zu dem Zeitpunkt, als jemand darauf aufmerksam machte, dass Holzkäfer das Gebälk zu zerfressen begannen. Was tun? Wo sollte man Ersatz für die Balken bekommen: 12 Meter lang und 60 cm dick? Das war in ganz England kaum zu finden.

Der College Council war ziemlich verzweifelt – bis ihn eines Tages jemand mit der Information überraschte: Auf dem College-Gelände wachsen Eichenbäume. Der herbeizitierte Förster erzählte: Diese Bäume seien bei der Gründung des College bewusst gepflanzt worden, weil man wusste, dass nach ein paar Hundert Jahren auch die besten Stämme ausgewechselt werden müssen. Das Wissen darüber sei von Förster zu Förster tradiert worden.

»That's the way to run a culture«, wie Gregory Bateson ergänzte.

Be prepared for the unexpected!

Be surprisingly simple!

Break routines!

Encourage people!

# Anstelle eines Glossars: Einige Erklärungen ausgewählter Begriffe

Einige der in diesem Buch verwendeten Begriffe möchte ich im Folgenden noch einmal unter die Lupe nehmen. Sie tauchen in den Medien, in der Start-up-Welt und in der Managementdiskussion häufig auf. Doch manchmal werden wir dabei das Gefühl nicht los: Es ist alles etwas diffus. Die Wörter erscheinen uns verschwommen, oft gar als bloße Buzzwörter, als »Überschriften ohne Text«, wie Jürgen Kaube einmal in einem anderen Zusammenhang gesagt hat. Um es gleich vorwegzunehmen: Das Unbehagen werde ich aus zwei Gründen auch mit den folgenden Erklärungen nicht gänzlich beseitigen können.

Zum einen werden Begriffe im Alltag nie völlig sauber und trennscharf gebraucht (wenn die Diskussion – wie oft gerade im politischen Raum – sehr emotional verläuft, schon gar nicht). Zum anderen handelt es sich bei diesen Wörtern in der Regel nicht um naturwissenschaftliche Fachbegriffe, sondern um soziale Konstruktionen. Sie werden von unterschiedlichen Personen in unterschiedlicher Weise verstanden und je nach Kontext unterschiedlich gebraucht. Selbst wenn wir eine klare Unterscheidung treffen, müssen wir damit rechnen, dass andere eine andere Unterscheidung treffen. Sobald wir beginnen, uns darüber zu verständigen, werden wir zudem feststellen, dass es zwischen den Begriffen oft starke Überschneidungen gibt.

- Deshalb werde ich nicht nur Unterscheidungen treffen, sondern auch Überschneidungen aufzeigen.
- Deshalb gebe ich nicht nur meine eigenen Erklärungen wieder. Sondern ich lasse bewusst auch andere Autoren und Deutungen zu Worte kommen und verstehe mich als Moderator verschiedener Stimmen.
- Deshalb glaube ich, dass Visualisierungen hilfreich sein können. So wie an manchen Stellen in diesem Text. Ich werde einige davon hier noch einmal zur Verdeutlichung einfügen.
- Deshalb habe ich zum Themenfeld Innovation eine Art »Begriffsfächer« entwickelt. Er soll veranschaulichen, dass und wo es Überschneidungen gibt. Er zeigt, dass sich die Begriffe auffächern, aber auch zusammenschieben lassen.

Das fordert Raum, eigentlich sehr viel Raum – wenn ich es vollständig und systematisch machen würde. (Etwa so wie in dem immer noch vorbildlichen Grimmschen Wörterbuch, in dem allein das Wort »Beschränkung« mehrere Seiten mit zahlreichen Verweisen in Anspruch nimmt.) Ich werde diesen Anspruch nicht erfüllen können, sondern mich selbst beschränken: auf einige wenige Erläuterungen und auf eine kleine Auswahl von Wörtern aus dem Themenfeld Disruption und Innovation. Es handelt sich also nur um einen Ausschnitt. Und: Es bleibt meine subjektive Sicht.

## Agil

»Von großer Beweglichkeit zeugend; regsam und wendig«, so beschreibt der Duden die Bedeutung des Wortes »agil«. Das trifft die Sache auch im organisationalen Kontext ganz gut. Jedenfalls als Selbstzuschreibung. Agile Organisationen – meist sind es nur Teile oder Einheiten von Organisationen – zeichnen sich durch eine hohe Beweglichkeit aus. Sie können in der Regel schneller agieren und flexibler auf Marktveränderungen und sich ändernde Kundenanforderungen reagieren als die klassisch strukturierte Organisation.

Vor allem sind sie schneller, wenn es darum geht, etwas Neues zu entwickeln. Weil Vernetzung ihr Strukturprinzip ist und weil sie meist kleiner und wendiger sind als traditionelle Großorganisationen, die eher strikt in Abteilungen und Funktionsbereichen aufgeteilt sind und in denen längere Berichtswege einzuhalten sind. (Siehe hierzu auch S. 102 ff.)

Das Prinzip der Selbstorganisation bzw. Autonomie spielt in agilen Organisationen ebenso eine große Rolle wie Diversität, das disziplinübergreifende, vernetzte Zusammenspiel, die kreative Kollaboration heterogener Individuen und Partner.

Das sind idealtypische Unterscheidungen. Im Alltag erleben wir oft Mischformen. Das gehört zu dieser Umbruchszeit, in der manches Alte nicht mehr richtig und manches Neue noch nicht richtig funktioniert.

Was funktioniert und was nicht, hängt dabei oft ab von den eingesetzten Methoden und von der Methodensicherheit der Akteure.

## Agile Methoden

Dazu zähle ich (neben Lean Startup, Effectuation und anderen) vor allem zwei Methoden: Design Thinking und Scrum.

Sie werden in dieser Reihenfolge nicht genannt, um eine Wertung auszudrücken, sondern weil sie im Innovationsmanagement oder (allgemeiner gesprochen) in der Erneuerungsarbeit von Unternehmen meist in dieser Reihenfolge zum Einsatz kommen. Und in dieser Folge die größte Wirkung erzielen. Design Thinking wird oft eingesetzt, wenn es darum geht, ganz neue Fragen und Sichtweisen zu entwickeln, neue Felder zu erschließen, viele erste Ideen und schnelle Prototypen zu entwickeln. In einer kreativen, grenzüberschreitenden Art der Zusammenarbeit, in neuen Räumen und mit neuer Energie – auch um damit der Organisationskultur neue Impulse zu geben. Scrum wird eher gewählt, wenn es gilt, eine einigermaßen klar definierte Aufgabe von hoher Komplexität in kleinere Einheiten zu zerlegen, in klar definierten Schritten iterativ abzuarbeiten und dabei der Zusammenarbeit mit dem Kunden und dem Eingehen auf Änderungen den Vorrang vor der Planverfolgung einzuräumen. (So wie es Softwareentwickler schon frühzeitig in ihrem agilen Manifest beschrieben haben.)

Beide agilen Methoden sind zugleich sehr einfach und hochstrukturiert, das heißt ausdifferenziert, »durchprofessionalisiert« und mit vielen einzelnen Tools hinterlegt. Der Laie oder die außenstehende Beobachterin sieht das nicht. Man muss sich darauf einlassen, es ausprobieren und damit experimentieren. Erst dann begreift man auch, warum beide sich nicht nur als bloße Methoden verstehen, sondern als weitergehende Ansätze, die mit einer anderen Haltung (Mindset) und einer anderen Praxis zu tun haben. Agile Methoden sind also auch andere Praktiken von Organisationen.

## Ambidextrie

Die Fähigkeit in Führung und Organisation, zwei unterschiedliche, oft widersprüchlich erscheinende Aufgaben gleichzeitig ins Auge zu fassen und zu managen, das heißt, gleich gut, gleich sicher, gleich professionell zu meistern.

Es sind die beiden Seiten oder Pole des (im Managementvokabular so genannten) »Exploit« und des »Explore«, der »Execution« und der »Innovation« (so zum Beispiel bei Porsche Motorsport).

Das Wort »Ambidextrie« kommt aus dem Lateinischen: *ambo* = »beide« und *dextera* = »rechte Hand«. Es heißt also eigentlich »zwei rechte Hände haben«, meint aber Beidseitigkeit. Es soll, so Wikipedia, »die Wichtigkeit der Integration von *Exploitation* (Ausnutzung von Bestehendem) und *Exploration* (Erkundung von Neuem) verdeutlichen«.

Ob diese Integration gelingt, lassen wir dahingestellt. Die Kunst besteht zunächst darin, die neuen, explorativ und agil arbeitenden, vernetzten Teams und Einheiten zu stärken, ihr Gewicht in der Organisation zu vergrößern. Sie besteht dann aber auch darin, beide Seiten zu ermutigen, einseitige Sichtweisen zu überwinden und Widersprüche produktiv zu machen. Das heißt: einen Rhythmus von Routinen und Nichtroutinen zu finden. Und vielleicht neue Kombinationen zu ermöglichen und zu erproben. Führungskräfte, die beide Seiten gut beherrschen und die jeweiligen »Sprachen« gut übersetzen können, nenne ich »T-Leader« – Transformation-Leader (siehe auch S. 103).

## Disruption

»Disruption« bedeutet Bruch, Umbruch, vielleicht auch Aufbruch. Lassen wir die zu Wort kommen, die mit diesem Begriff besonders vertraut sind; im Start-up-Blog »StartUpWissen.biz« heißt es:

»Das Wort ›Disruption‹ leitet sich vom Englischen ›to disrupt‹ ab, was übersetzt so viel bedeutet wie:

- Stören
- Unterbrechen
- Spalten
- Zersprengen
- Zerreißen
- Zerstören
- Aufbrechen

Eine disruptive Idee sorgt – übertragen auf die Unternehmenswelt – dafür, dass bestehende Strukturen und Organisationen aufgebrochen werden.«

Und für das Onlinemagazin »Gründerszene.de« beschreibt »Disruption« »einen Vorgang, der vor allem mit dem Umbruch der Digitalwirtschaft in Zusammenhang gebracht wird: Bestehende, traditionelle Geschäftsmodelle, Produkte, Technologien oder Dienstleistungen werden immer wieder von innovativen Erneuerungen abgelöst und teilweise vollständig verdrängt.«

## Disruptive Innovation

Der Begriff »disruptive Innovation« geht auf den Harvard-Forscher Clayton M. Christensen zurück. Im Untertitel der deutschsprachigen Übersetzung von Christensens Hauptwerk *The Innovator's Dilemma* wird der Vorgang »bahnbrechende Innovationen« genannt. Diese Übersetzung ist meines Erachtens sehr treffend. Das Grundmodell von Christensen in leicht abgewandelter und vereinfachter Form lässt sich so skizzieren:

Hier haben wir zunächst die Bahn eines erfolgreichen Unternehmens oder einer anderen arrivierten Institution, des Platzhirsches, wie Christensen sagt. Allmählich, stetig, linear ansteigend. Dann gibt es den Angreifer, er kommt von schräg unten. Manche sagen: aus dem toten Winkel. Zunächst allmählich, dann steil exponentiell ansteigend. Und plötzlich schlägt er durch. Er durchbricht die Bahn des Arrivierten. Er bricht dessen Geschäftsmodell, vielleicht sogar dessen Geschäftsgrundlagen.

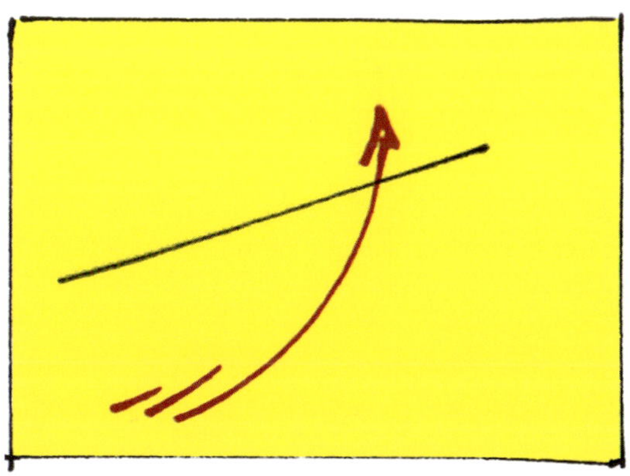

*Disruption: Der Angreifer durchschlägt die Bahn des Arrivierten*

Das Problem hat sich schon vorher angedeutet. Der Arrivierte hat vielleicht mitbekommen, dass da jemand von unten kommt (meist aus einem anderen Segment, oft mit niedrigpreisigen, zum Teil quersubventionierten Angeboten). Aber darauf kann oder will sich der Platzhirsch nicht einlassen. Würde er das Gleiche wie der Angreifer tun, könnte er viel Geld und Kunden verlieren. Heute. Morgen kann das ganz anders aussehen. Morgen kann er mit seinem bisherigen Geschäftsmodell alles verlieren. Das ist das Dilemma. Christensen nennt es »Innovator's Dilemma«.

Disruptive Innovationen – wie wir sie bisher beobachtet konnten – basieren in der Regel auf dem Einsatz digitaler Technologien, digitaler Geschäftsmodelle, digitaler Plattformen bzw. auf Netzwerkeffekten, die durch die Digitalisierung ermöglicht werden.

Technologie allein reicht aber nicht, um wirklich disruptiv zu sein und zu wirken – auf dem Markt, beim Kunden, bei Wettbewerbern. Sie ist eine notwendige, aber noch keine hinreiche Bedingung für die bahnbrechende Wirkung einer Innovation. Es muss noch etwas anderes hinzukommen. Dieses andere hat etwas mit radikaler Nutzerzentrierung, mit der Antizipation von Kundenbedürfnissen und Sehnsüchten, mit Design, mit der Form oder »Gestalt« der Neuentwicklung zu tun – und damit, den »Nerv zu treffen«.

Ich nenne es die überraschende Einfachheit – die Einfachheit für den Nutzer, für den Kunden (also für andere, nicht für einen selbst): »Be surprisingly simple!« »Einfacher« meint effizienter, aber auch freundlicher und umweltfreundlicher.

**Die strategische Aufgabe:
das Venn-Diagramm des Disruptive Thinking**

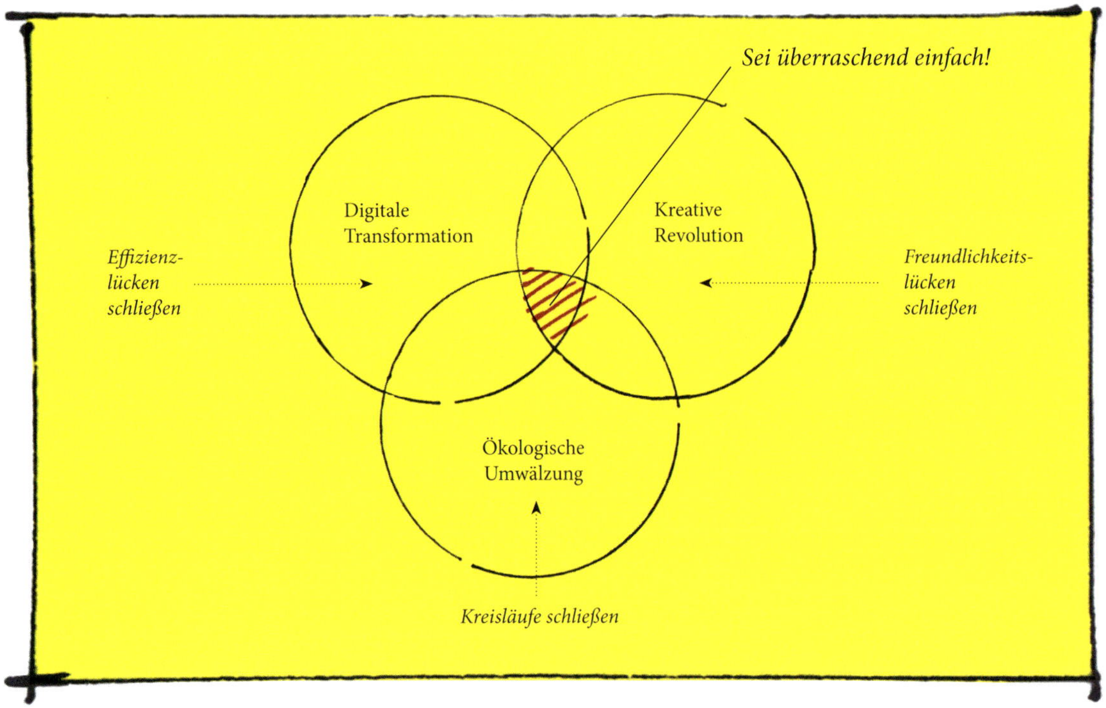

## Disruptive Thinking

Was ist »Disruptive Thinking«? Das, was in den vier Teilen dieses Buches beschrieben wird. Es ist Querdenken ohne Geländer. Es ist eine Denkweise und eine Haltung, unterstützt durch eine Reihe von Methoden und Tools, mit denen dieses Querdenken im Alltag wirksam werden kann. Es ist die Fähigkeit, sich auf Ungewissheit und Überraschungen einzustellen, Brüche und Widersprüche produktiv zu machen. Man könnte auch sagen: Es ist die Fähigkeit, sich nichts vorzumachen, Dinge anders zu machen und den Menschen wieder Mut zu machen. Mit den vier praktischen Imperativen: Be prepared for the unexpected! Be surprisingly simple! Break routines! Encourage people!

Es ermuntert uns, selbst disruptiv zu sein, unsere eigene Sicht immer wieder zu hinterfragen, Grundannahmen infrage zu stellen, zu experimentieren und zu lernen, Dinge zu drehen. Allein und vernetzt, gemeinsam in Teams, in Führung und Organisation. Es beruht auf dem Verstehen disruptiver Entwicklungen dieser Zeit und ihrer Muster. Es ermöglicht die verständige Anwendung dieser Muster (und das Brechen von Mustern) – mit dem Ziel, Kreativität und Innovationsfähigkeit zu steigern. Und deren Realitätstauglichkeit.

Disruptives Denken ist deshalb noch etwas anders als radikales oder radikal digitales Denken. Es ist weniger und zugleich mehr. Es schlägt vor, eine Unterscheidung einzuführen: zwischen der digitalen Transformation und der kreativen Revolution. Denn viele Umbrüche dieser Zeit lassen sich mit der Kategorie der Digitalisierung allein nicht fassen. In unseren Köpfen, in unseren Organisationen, in vernetzten, grenzüberschreitenden Projekten und Communitys, in Schulen, in der Forschung, in der Umwelt passieren viele Entwicklungen, die reicher sind als das Digitale.

Da sind soziale, kulturelle und ökologische Umbrüche im Gange. Es ist eine kreative Revolution, die mit der digitalen Transformation über weite Strecken Hand in Hand geht – die aber auch an einigen Stellen im Widerspruch zu dieser steht und sich nicht bevormunden lässt.

Diese Unterscheidung unterminiert vermeintliche Zwangsläufigkeiten. Sie gibt uns mehr Wahlmöglichkeiten und Freiheitsgrade im Handeln.

Disruptive Thinking ist die Kunst und Disziplin dieser kreativen Revolution.

## Innovation

Das Wort »Innovation« kommt aus dem Lateinischen und bedeutet zunächst Erneuerung. Erneuerung hat viele Facetten, dementsprechend gibt es auch eine breite Palette unterschiedlicher Arten der Innovation, die sich manchmal auch überschneiden. Das Spektrum reicht vom Verbessern des Bestehenden, also vom »Bessermachen«, meist durch kleinere, aufeinander aufbauende Schritte (auch »inkrementelle Innovation« genannt), bis zum ganz oder radikal »Andersmachen« mit – so die Hoffnung – bahnbrechender Wirkung (auch »disruptive Innovation« genannt).

Es geht dabei also nicht nur um die subjektive Sicht der innovativen Akteure, um ihre Intention und um die Art und Weise ihres Herangehens; das allein reicht nicht aus zur Unterscheidung. Sondern auch um die objektive Wirkung auf andere, auf Wettbewerber, auf Märkte, vielleicht auch auf Umwelt und Gesellschaft.

Innerhalb dieser Spannweite »von – bis« können verschiedene Unterscheidungen getroffen werden. Verschiedene Beobachter haben unterschiedliche Sichtweisen. Dies verdeutlichen die folgenden Gegenüberstellungen. Sie werden weiter unten ergänzt und veranschaulicht durch einen Begriffsfächer.

## Inkrementell vs. disruptiv

Der Begriff »inkrementelle Innovation« scheint in der Diskussion über disruptive Entwicklungen keine Rolle zu spielen. Es sei denn als Gegensatz. Hier wird meist eine grundlegende Unterscheidung getroffen. Diese Unterscheidung ist deshalb hochinteressant. Indikatoren zur Unterscheidung von inkrementellen und disruptiven Innovationen sind (nach Brant Cooper / Patrick Vlaskovits: »The Lean entrepreneur«):

| Inkrementelle Innovation | Disruptive Innovation |
|---|---|
| Das Problem ist wohl verstanden | Das Problem ist noch unverstanden |
| Es ist bereits ein Markt vorhanden | Neuer Markt |
| Durch die Innovation wird die Performance erhöht, Kosten werden reduziert oder inkrementelle Änderungen vorgenommen | Durch die Innovation treten dramatische Veränderungen auf |
| Innovation ist für Kunden glaubwürdig | Kunden wissen nicht, ob die Innovation »fruchtet« |
| Kalkulierbarer Markt | Unkalkulierbarer Markt |
| Traditionelle Geschäftsmethoden sind ausreichend | Herkömmliche Geschäftsmodelle funktionieren nicht |

## Inkrementell – radikal – disruptiv

Einen Schritt weiter in der Differenzierung geht der Autor Thomas Kuckelhorn. Er unterscheidet inkrementelle, radikale und disruptive Innovationen:

»Bei einer *inkrementellen Innovation* handelt es sich in erster Linie um die evolutionäre Weiterentwicklung von beispielsweise einem Produkt oder einer Dienstleistung. Etwas schon Bestehendes wird schrittweise verbessert oder angepasst, um neuen Kundennutzen zu erzielen, Kosten zu reduzieren, neue Märkte zu erschließen […].

Die *radikale Innovation* hingegen geht sehr viel weiter und hat einen revolutionären Charakter. Neue Produkte, Dienstleistungen oder Prozesse mit ebenso neuen Eigenschaften und Formen sorgen dafür, dass komplette Branchen und Märkte weiterentwickelt werden. Bestehende Marktstrukturen werden durch eine revolutionäre Innovation verändert, jedoch nicht zerstört […].

*Disruptive Innovationen* greifen den Status quo an, indem sie eine Veränderung des Kundenverhaltens bewirken, neue Märkte erfinden und bestehende Spielregeln fundamental stören. Im Unterschied zur inkrementellen und radikalen Innovation ist Disruption in den seltensten Fällen selbst intendiert« (in: Computerwoche.de, 30.5.2018).

## Making things better – reinventing business

Der niederländische Innovationsforscher Paul Louis Iske differenziert vier unterschiedliche Formen der Innovation auf unterschiedlichem Disruptionslevel:

- Making things better
- Making new and better things
- Reinventing our business
- Business as unusual

Anders ausgedrückt: Es ist die Grundlage jeder innovativen Tätigkeit, ständig an Verbesserungen zu arbeiten. Darauf aufbauend, ist jeder Innovator bestrebt, neue und bessere Dinge zu entwickeln. Der nächste Schritt ist bereits ein Sprung, den nur wenige schaffen: das eigene Geschäft neu erfinden. Mit einem neuen Modell. Wem es dann noch gelingt, die Spielregeln grundlegend zu verändern, der schafft den größten Sprung.

**Die nächste Stufe**

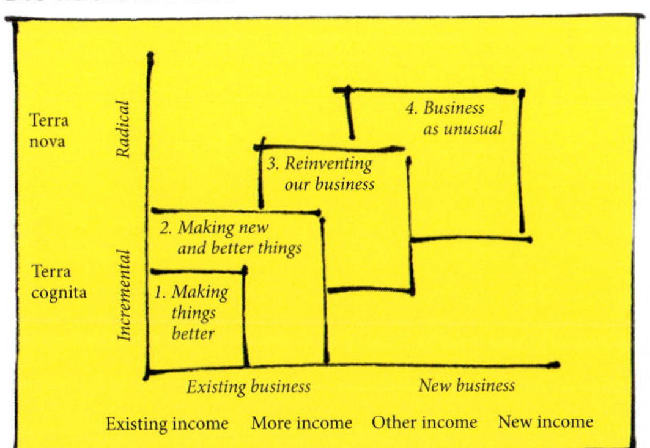


*Verschiedene Formen der Innovation – auf unterschiedlichem Disruptionslevel*
*Nach Paul Louis Iske, Combinatoric Innovation, Maastricht 2016*

## Disruptive Innovationen und Sprunginnovationen

In der politischen Diskussion hat sich in Deutschland in den vergangenen Jahren der Begriff Sprunginnovation eingebürgert. Er ist im Umfeld der Deutschen Akademie für Technikwissenschaften (Acatech) entstanden und manifestiert sich in der »Agentur zur Förderung von Sprunginnovationen« (SprinD), die 2019 an den Start gegangen ist. Was unterscheidet Sprunginnovationen von disruptiven Innovationen bzw. bahnbrechenden Innovationen? Nichts. Oder fast nichts. Diese Begriffe werden in der Regel in der Diskussion synonym gebraucht. So auch in dem Grundsatzpapier »Eckpunkte der Agentur zur Förderung von Sprunginnovationen« des Bundesministeriums für Forschung und Bildung vom August 2018. Hier heißt es zum Beispiel:

»Disruptive Innovationen bzw. Sprunginnovationen, die sich durch neue marktverändernde Geschäftsmodelle oder radikale technologische Neuerungen auszeichnen, kommen verstärkt aus anderen Staaten der Welt wie den USA oder China. […]

Bahnbrechende Entwicklungen bzw. Sprunginnovationen kommen oft nicht nur von (kapitalstarken) etablierten Unternehmen […].

Eine Sprunginnovation zeichnet sich dabei durch eine radikale technologische Neuheit und/oder durch ein hohes Potenzial für eine marktverändernde Wirkung aus […].

[…] Durch diese Förderung von Sprunginnovationen soll neue Wertschöpfung in Deutschland ermöglicht bzw. ein großer gesellschaftlicher Nutzen erzielt werden.«

Die letzte Passage deutet an, dass im Begriff der Sprunginnovation manchmal noch etwas mitschwingt, das über die herkömmliche Definition der disruptiven Innovation hinausweist: der mögliche gesellschaftliche Nutzen. Diese Bedeutungsdimension findet sich angedeutet auch bei Clayton Christensen – aber erst in seiner späten Phase.

## Performance – Efficiency – Market-creating

Diese Unterscheidungen gehen zurück auf den späten Clayton Christensen, der in einer Arbeit für die *Harvard Business Review* aus dem Jahre 2014 drei Arten von Innovationen unterscheidet:

- *Performance-improving innovation:* Ersetzt alte Produkte und Modelle durch neue und bessere.
- *Efficiency innovation:* Hilft Unternehmen, bestehende Produkte oder Dienstleistungen kostengünstiger herzustellen und auf dem Markt preisgünstiger anzubieten.
- *Market-creating innovation:* Ersetzt bestehende komplizierte oder hochpreisige Produkte so radikal und grundlegend, dass neue Märkte und eine neue Klasse von Konsumenten entstehen.

Die Letztere, so Clayton Christensen beim Wiener Peter Drucker Forum 2016, sei die eigentlich spannende und zugleich sehr seltene Art der Innovation. Sie sei so bedeutend für die Zukunft, weil sie ganze Industrien und viele neue Jobs schaffen könne, so wie einst die Einführung des elektrischen Lichts oder das T-Modell von Ford.

## Innovationstypen – ein Begriffsfächer

**Innovationen von … bis …**
**Ein Begriffsfächer**

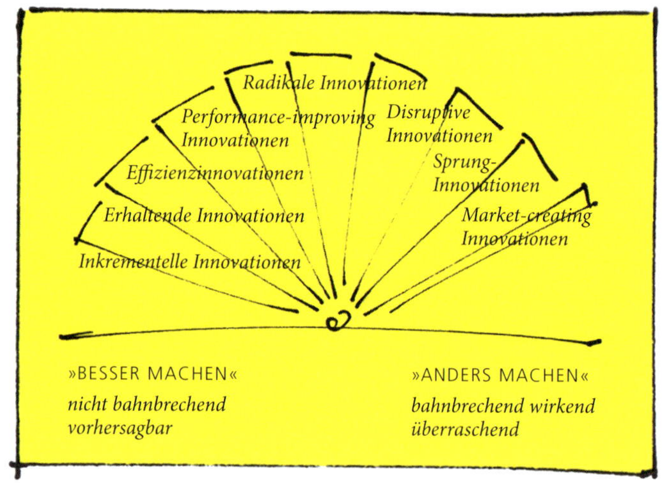


*Eine Auswahl relevanter, in der öffentlichen Diskussion häufig genannter Begriffe aus dem Themenfeld Innovation*

Die Begriffe überschneiden sich oft. Der Fächer symbolisiert diese Überschneidungen.

## Andere Innovationsbezeichnungen – weitere Unterscheidungen

Es gibt noch viele weitere Differenzierungen von Innovationen. Die meisten davon sind selbsterklärend. Oder weitgehend. Sie sagen bereits in ihrem Namen, um was es geht. Zum Beispiel:

- Produkt- und Serviceinnovationen
- Prozessinnovationen
- Marketinginnovationen
- Geschäftsmodellinnovationen

Von dieser Art gibt es so einige, die selbsterklärend und eindeutig zu sein scheinen. Sie sind aber bei genauerem Hinsehen komplexer. Darunter die folgenden, die ich für besonders interessant halte. Auch weil sie zum Teil querstehen zu den oben (im Begriffsfächer) genannten. Zuerst eine Gegenüberstellung:

## Technologieinnovationen vs. soziale Innovationen

Das scheint eindeutig: Hier geht es um Technologie. Dort um soziale Neuerungen. Aber ist es das? Der MP3-Player war zum Beispiel eine Technologieinnovation. Made in Germany. Aber was waren der iPod oder das iPhone? Und was davon wirkte bahnbrechend auf den Märkten? Gehört nicht zu einer disruptiven Innovation oft das Uneindeutige? Die Mischung? Die Kombination? Eine Kombination aus technologischen und sozialen Elementen? Was ist mit Netflix? Mit Airbnb? Wie viel davon ist Technologie, wie viel soziale Innovation? Sind nicht die meisten gegenwärtigen und vermutlich künftigen Anwendungen von künstlicher Intelligenz eine Mischung aus beidem?

Und dann die andere Seite: Beispiel Design Thinking. Eindeutig eine soziale Innovation. Eine disruptive soziale Innovation. »Human-centered«, wie der eigene Anspruch heißt. Und doch funktioniert das soziale, co-kreative Zusammenspiel nur gut, wenn alle die digitalen Tools nutzen können, die für das kollaborative Arbeiten entwickelt wurden. (Und auf deren Nutzung sich die Teams geeinigt haben.)

Die Mischung macht's, wie man so sagt. Die Kombination ist das Entscheidende. Jedenfalls bei den meisten größeren Innovationsvorhaben, die skaliert wurden oder die sich skalieren lassen.

Übrigens kam Design Thinking für viele ziemlich überraschend. Das war nicht geplant. Design Thinking war anfänglich eher eine »soziale Mikroinnovation« (Winfried Kretschmer). Sie kam von schräg unten – aus dem universitären und Weiterbildungsbereich. Vielleicht entsteht, während ich dies schreibe, irgendwo wieder so etwas. In der Bildung. Oder im Bereich der Umwelt. Oder in between. Was ist die nächste Entwicklungsstufe von »Friday for Future«?

Die Dinge changieren. Ist Facebook ein Technologieunternehmen? Oder ein Erfinder sozialer Medien? Und wenn Facebooks Kryptowährung Libra sich ausbreiten sollte: Ist das eine technologische oder eine soziale Innovation?

## Systeminnovationen

Viele erfolgreiche disruptive Innovationen kann man auch als Systeminnovationen bezeichnen. Damit ist gemeint, dass nicht nur Produkte oder einzelne Komponenten von Produkten neu entwickelt wurden, sondern Systemlösungen. Wie beim iPod, wie bei den verschiedenen Streamingdiensten oder wie beim Nespresso-Kaffeesystem. Systeminnovationen sind nach Bruno Weisshaupt »technologisch basierte Innovationen, die sich in wirtschaftlich tragfähige und gesellschaftlich akzeptierte Produkte oder Dienstleistungen umsetzen lassen, wenn es gelingt, die notwendigen Komponenten und Kompetenzen in funktionierende Systemarchitekturen einzubinden. Sie überwinden organisatorische und fachliche Grenzen, sind geprägt durch ein funktionierendes Zusammenwirken unterschiedlicher Stakeholder und ermöglichen Geschäftsmodelle, die erst durch die Akzeptanz der relevanten Akteure und Akteurinnen zum Erfolg geführt werden können«.

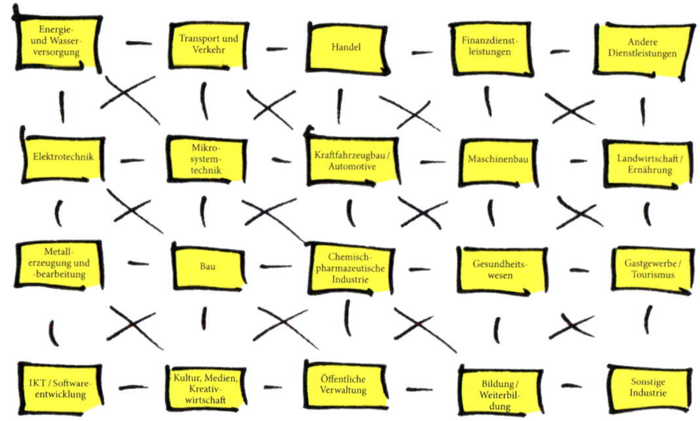


*Die Felder zeigen relevante Branchen in Deutschland und Mitteleuropa. Die Struktur ist niederländischen Ursprungs und geht zurück auf Nico H.G. Baken, University of Delft, und Paul Louis Iske, University of Maastricht, siehe auch das Buch Combinatoric innovation. Navigating a complex world von Paul Louis Iske (Maastricht 2016, S. 175 ff.).*

## Cross-Industry-Innovation

Cross-Industry-Innovationen sind branchenübergreifende Innovationen. Sie entstehen durch grenzüberschreitende Vernetzung, durch Kooperation verschiedener Akteure aus unterschiedlichen Industrie- oder Forschungszweigen und durch die Kombination bzw. Rekombination unterschiedlicher Kompetenzen. Cross-Industry-Innovationen nehmen den Gedanken der Open Innovation, der Öffnung des eigenen Innovationsprozesses auf, führen ihn weiter und erweitern die Perspektive. Sie schaffen oft ganz neue Marktoptionen für eigene Produkte und Technologien oder sogar ganz neue Märkte. Das ist insbesondere für mittelständische Unternehmen interessant. Hier in diesem Buch genannte Beispiele sind die EUV-Lithografie von Trumpf, Zeiss und ASML oder die Digital Energy Solutions von BMW und Viessmann (siehe auch S. 69, 88, 151). Das Spektrum der möglichen Kombinationen ist enorm.

Cross-Industry-Innovationen sind häufig, so Achim Lummer, »eine Rekombination von bereits vorhandenen [sic] Wissen und Technologien. Insoweit ist es naheliegend, technische Lösungen aus anderen Industrien zu sichten und bei Eignung in den eigenen Produkten zu adaptieren. Gelungene Beispiele für Lösungen dieser Art sind:

- der iDrive von BMW basiert auf dem Joystickkonzept der Computerindustrie
- der Coca Cola Freestyle-Getränkeautomat nutzt Dosiertechnologie der Medizintechnik
- der Nähfuß des Textilmaschinenherstellers Bernina setzt den optischen Sensor einer Computermaus ein

- der Milchschäumer Aeroccino Nespresso verwendet das magnetische Antriebsprinzip von Labormischern
- die Nike Shox Dämpfung stammt technologisch ab von Stoßdämpfern aus der Formel-1-Welt« (aus dem Blog »Produktmanagement & Social Media«, Achim Lummer).

## Nachhaltigkeitsinnovation

Der Begriff »Nachhaltigkeitsinnovation« hat in der öffentlichen Diskussion bislang nicht die Aufmerksamkeit bekommen wie etwa die Begriffe der radikalen Innovation, der disruptiven Innovation oder der Sprunginnovation. Aber er hätte die gleiche Beachtung verdient.

»Nachhaltigkeitsinnovation« meint übrigens nicht, was Christensen einmal mit dem Wort »sustaining« bezeichnete, also eine »erhaltende« Innovation, die dafür sorgt, dass Unternehmen durch Verbesserung des Bestehenden ihre bisherige Marktposition erhalten können.

Mit »Nachhaltigkeitsinnovation« ist vielmehr zweierlei gemeint: eine Innovation, die über den Tag hinaus nachhaltend auf den Märkten und in der Gesellschaft wirkt. Und die dabei dazu beiträgt, dass die Klimaziele und die Ziele der ökologischen und sozialen Verantwortung erreicht werden, die sich die UN und der überwiegende Teil der Menschen heute stellen.

Manche der hier genannten Innovatoren arbeiten selbstverständlich daran. Nachhaltigkeit und Innovation sind für sie eng verbunden. Sie schaffen Innovationen, die nachhaltig und manchmal radikal anders sind. Ich vermute, es werden in den kommenden Jahren viele weitere dazukommen. Einige von ihnen werden »market-creating« sein und einen gesellschaftlichen Nutzen stiften: Sie werden das schaffen, was die digitale Transformation allein nicht kann. Sie werden mehr Umweltfreundlichkeit und mehr Freundlichkeit in die Welt bringen. Vielleicht. Lassen wir uns überraschen.

## Strategic surprise

»To create or prevent strategic surprise« lautet der Leitsatz der Mission der US-Innovationsagentur DARPA (Defense Advanced Research Project Agency), die aus der früheren ARPA (Advanced Research Project Agency) hervorgegangen ist. Die ARPA wurde gegründet als Antwort auf den Sputnik, den ersten künstlichen Satelliten, der die Erdumlaufbahn erreichte. Dies war tatsächlich eine strategische Überraschung, der die meisten Politiker, Forscher und Technologen nicht nur in den USA völlig überrumpelte.

Eine der Lehren aus dem Ereignis war das Antizipieren und Dem-anderen-Zuvorkommen (»create or prevent strategic surprise«). Ein alter strategischer Leitgedanke, der jetzt in diesen disruptiven Zeiten eine neue Bedeutung bekommt. Die strategische Herausforderung heißt: Sei überraschend einfach! »Be surprisingly simple!«

Zum Thema Überraschungen gehören auch die sieben Fragen von Peter Thiel aus seinem Buch *Zero to One*, die er jedem angehenden Entrepreneur und innovativen Unternehmer ins Stammbuch schreibt. Er nennt sie »the seven questions that every market-creating business must answer«:

1. The Engineering Question: Do you have a breakthrough technology?
2. The Timing Question: Is your timing right?

3. The Monopoly Question: Do you have something no-one else has?
4. The People Question: Do you have the right people?
5. The Distribution Question: Can you sell and market your stuff?
6. The Durability Question: Will you be still around in 10 years?
7. The Secret Question: Do you know something nobody else does?

Ich teile alle Fragen von Peter Thiel. Selbst die dritte, vom Ansatz her. Über ihre Bezeichnung und deren Konsequenzen würde ich mit ihm streiten. Aber nicht an dieser Stelle. Hier nur drei Fragen:

- Müssen Unternehmen Monopole bilden, wenn sie etwas haben, was andere nicht haben?
- Peter Thiel gibt seinen Studenten den Rat mit auf den Weg: »Start small and monopolize«. Ist das ein realistischer (und weiser) Rat?
- Führt die Skalierung einer guten eigenen Idee in der digitalen Welt zwangsläufig zum Monopol? Oder ist das vielleicht die offene Frage dieser Zeit?

»Und so sehen wir betroffen / Den Vorhang zu und alle Fragen offen.«

## Quellen und Literaturtipps

### I. Die mentale Herausforderung


Berners-Lee, Tim: https://www.theguardian.com/technology/2018/nov/01/tim-berners-lee-says-says-tech-giants-may-have-to-be-broken-up

Borgert, Stephanie: Unkompliziert: Das Arbeitsbuch für komplexes Handeln in agilen Unternehmen, GABAL, Offenbach 2018

Fuller, Richard Buckminster: Ideas and Integritys, Lars Müller Publishers, Baden 2009, S. 19 f.

Gerdes, Chris: https://www.zeit.de/2019/02/automatisiertes-fahren-elektromobilitaet-silicon-valley-forschung/seite-2

Harari, Yuval Noah: Die Welt wird extrem hektisch sein. Interview, in: Süddeutsche Zeitung, Nr. 38, 25.9.2017

Hesse, Hermann: Mit der Reife wird man immer jünger, Suhrkamp Verlag, Frankfurt am Main 2002, S. 174 f.

Karliczek, Anja, Interview mit der FAZ vom 30.6.2018: https://www.bmbf.de/de/karliczek-innovationen-muessen-noch-schneller-kommen-6501.html

Küppers, Günter: Wissen und Nichtwissen. Für einen neuen Umgang mit Wissenschaft und Technik, in: Mutius, Bernhard von (Hg.): Die andere Intelligenz. Wie wir morgen denken werden, Klett-Cotta, Stuttgart 2008

Münchhausen, Marco von: Konzentration. Wie wir lernen, wieder ganz bei der Sache zu sein, GABAL, Offenbach 2016

Mutius, Bernhard von (Hg.): Die andere Intelligenz. Wie wir morgen denken werden, Klett-Cotta, Stuttgart 2008

Nowotny, Helga: The Cunning of Uncertainty, Wiley-Blackwell, Hoboken, New Jersey 2017

Nowotny, Helga: Die Ungewissheit umarmen, Interview, in: Die Zeit, Nr. 32, 2.8.2018

Peitgen, Heinz-Otto: Chaos. Bausteine der Ordnung, Klett-Cotta, Stuttgart 1994

Petek, Rainer: Das Nordwand-Prinzip. Wie Sie das Ungewisse managen: neues Denken, neues Handeln, neue Wege gehen, Linde, Wien 2012

Schreib, Herbert: Oben bleiben. Die Wildwasser-Strategie für Menschen und Unternehmen, Jungs Verlag, Limburg 2018

Schrott, Raoul: Politiken & Ideen, Carl Hanser Verlag, München 2018, S. 207 ff.

Taleb, Nassim N.: Der Schwarze Schwan. Die Macht höchst unwahrscheinlicher Ereignisse, Albrecht Knaus Verlag, München 2015

Thiel, Peter: Zero to One. Notes on startups, or how to build the future, Virgin Books, London 2014

Vollmer, Gerhard: Wir irren uns empor. Zum Tode des Philosophen Karl Raimund Popper, in: Skeptiker 8 (1/95), S. 4 – 6

Wallace, David Foster: Das hier ist Wasser, Kiepenheuer & Witsch, Köln 2015, S. 17 und 26

## II. Die strategische Herausforderung

Antrag der Abgeordneten Dr. h.c. Thomas Sattelberger, Nicola Beer u. a. zum Thema »Gründung einer Agentur für radikale Innovation«, Deutscher Bundestag, 19. Wahlperiode, Drucksache 19/2671, 12.6.2018

Boos, Chris: zitiert nach: Daniel Schleidt, Experten warnen vor Ungleichheiten durch Digitalisierung, in: FAZ, 11.9.2018

Brandenburg, Karlheinz: 15 Entwickler und einer für den Vertrieb – das kann ja nur schiefgehen, MP3-Erfinder im Interview mit dem Tagesspiegel, 4.1.2014

Christensen, Clayton M: The Innovator's Dilemma. Warum etablierte Unternehmen den Kampf um bahnbrechende Innovationen verlieren, Vahlen, München 2015

Csíkszentmihályi, Mihaly: Kreativität. Wie Sie das Unmögliche schaffen und Ihre Grenzen überwinden, Klett-Cotta, Stuttgart 2018

Dan, Yu / Hang, Chang Chieh: A Reflective Review of Disruptive Innovation Theory, in: International Journal of Management Reviews, Vol. 12 , 2010, S. 435 – 452

Dark Horse Innovation: Digital Innovation Playbook, Murmann Publishers, Hamburg 2016

Emerson, Ralph Waldo: Napoleon oder der Mann des weltlichen Erfolges, in: Repräsentanten der Menschheit, Diogenes, Zürich 1989, S. 166

Haddadi, Sami: Interview mit dem Magazin Clutch, Hamburg, März 2019

Harhof, Dietmar / Kagermann, Henning / Stratmann, Martin (Hrsg.): Impulse für Sprunginnovationen in Deutschland. Acatech Diskussionspapier, Berlin / München 2018

Hölzle, Katharina: 6 Thesen zur Plattform-Ökonomie, Potsdamer Gespräch 2018, siehe: Unternehmerisches Denken und Handeln, Tele-Task HPI 2018

Hutter, Michael: Ernste Spiele. Geschichten vom Aufstieg des ästhetischen Kapitalismus, Wilhelm Fink, Paderborn 2015

Iske, Paul Louis: Combinatoric innovation. Navigating a complex world, KnocoM, Maastricht 2016

Kallasvuo, Olli-Pekka: Die Handy-Preise werden weiter sinken, Nokia-Chef im Interview mit der Welt online, 17.2.2007

Leibinger, Peter: Ich möchte als CFO einen echten Mehrwert schaffen, in: Impulse, Zeitschrift der Trumpf GmbH & Co. KG, Ditzingen, 23/2017

Lotter, Wolf: Innovation. Streitschrift für barrierefreies Denken, Edition Körber, Hamburg 2018

Ma, Jack: Interview mit der FAZ, https://www.faz.net/aktuell/wirtschaft/diginomics/jack-ma-will-jungunternehmern-keinen-erfolg-beibringen-15844321.html

Machatschke, Michael: Mit Booking.com zur Weltherrschaft, in: Manager Magazin, 10.6.2015

Nicolai, Claudia: Energie ist kein Gut, sondern eine Dienstleistung. Interview über Innovationen und Scheitern, in: bizz-energy.com, Berlin, 24.5.2016

Oetinger, Bolko von / Ghyczy, Tiha v. / Bassford, Christopher: Clausewitz. Strategie denken, Carl Hanser, München 2001

Mootee, Idris: Design Thinking for Strategic Innovation, John Wiley & Sons, Hoboken, New Jersey, 2013

Osterwalder, Alexander: In Inkubatoren wird viel Energie

verschwendet. Interview mit Bärbel Schwertfeger, in: Wirtschaft + Weiterbildung, 2/2019

Osterwalder, Alexander / Pigneur, Yves / Bernarda, Greg / Smith, Alan: Value Proposition Design, Campus Verlag, Frankfurt am Main / New York 2015

Samwer, Oliver: Dieses Burn-out-Ding, das ist nichts für mich, Oliver Samwer auf der Noah-Konferenz in Berlin, Bericht von Varinia Bernau, Süddeutsche Zeitung, 9.6.2015

Sparrer, Insa / Kibéd, Matthias Varga von: Ganz im Gegenteil, Carl-Auer Verlag, Heidelberg 2018

Viessmann, Max: Wir übernehmen Verantwortung für den Planeten, Interview, in: Berlin Valley – das Start-up Magazin, 26.12.2017

Vor der Zeit: Geschäftsbericht 2017/18 der Trumpf GmbH & Co. KG, Ditzingen 2018

Vullings, Ramon / Heleven, Marc: Not Invented Here. Cross Industry Innovation, Hanser, München 2016

Watzlawick, Paul / Weakland, John H. / Fisch, Richard: Lösungen. Zur Theorie und Praxis menschlichen Wandels, Verlag Hans Huber, Bern 2013

Weinberg, Ulrich: Network-Thinking. Was kommt nach dem Brockhaus-Denken?, Murmann, Hamburg 2015

Weisshaupt, Bruno: Systeminnovation. Die Welt neu entwerfen, Orell Füssli, Zürich 2006

### Sowie interessante Links:

https://karrierebibel.de

https://www.designpilot.io/

https://disruptorshandbook.com/

https://www.sessionlab.com

## III. Die organisationale Herausforderung

Arnold, Hermann: Wir sind Chef: Wie eine unsichtbare Revolution Unternehmen verändert, Haufe Lexware, Freiburg 2016

Arnold, Hermann: Heute führe ich, Interview mit David Franz, Elektronik Praxis, 21.3.2019

Astheimer, Sven: Viele Unternehmen schaffen jetzt individuelle Boni ab, in: FAZ, 16.1.2017

Bruch, Heike / Berger, Stefan: Das Konzept Speed. Sieben Leadership-Prinzipien aus dem Porsche Motorsport, in: OrganisationsEntwicklung 3/2018

Jansen, Stephan A. / Littmann, Peter: Oszillodox. Virtualisierung – die permanente Neuerfindung der Organisation, Klett-Cotta, Stuttgart 2000

Janssen, Claes F.: The Four Rooms of Change, www.claesjanssen.com/four-rooms/index.shtml

Journal Königswieser & Network, Ausgabe 10, Juli 2018

Keese, Christoph: Disrupt Yourself. Vom Abenteuer, sich in der Welt neu erfinden zu müssen, Penguin Verlag, München 2018

Kelley, Tom; Kelley, David: Creative Confidence. Unleashing the creative Potential within us all, William Collins, London 2014

Kipfelsberger, Petra: Leadership for Learning – ein »Paradox Mindset« für die VUCA-Welt, Scil, Universität St. Gallen, https://www.scil.ch/author/petra_kipfelsberger

Krentz, Katharina: Das Prinzip Working Out Loud, Xing Talk unterwegs, 11.3.2019

Liedtka, Jeanne: Why Design Thinking Works, in: Harvard Business Review, September / Oktober 2018

Oesterreich, Bernd: Das kollegial geführte Unternehmen. Ideen und Praktiken für die agile Organisation von morgen, Vahlen, München 2017

Olk, Christopher: Warum Social Collaboration nicht ohne Partizipation funktioniert, in: Digital Society Blog, Zenodo, 18.1.2018

Pfläging, Niels / Hermann, Silke: Organisation für Komplexität – die Trilogie, Redline, München 2019

Röhl, Heiko: Veränderungen managen – Wie geht das? Vortrag, 17.1.2012, DZ Bank Gruppe

Schultz, Kerstin Friederike / Wessendorf, Tanja: Machbar und sinnvoll? Austausch zur Selbstorganisation in der Konzernwelt, in: ZOE, Zeitschrift für Unternehmensentwicklung und Change Management, Nr. 2/2019, S. 25–30

Tewis, Holger: Stakeholder Adoption Matrix für Agile Transitionen, https://scrumburg.wordpress.com/…/stakeholder-adoption-matrix-fuer-agile-transition

## IV. Die kulturelle Herausforderung

Bateson, Gregory: The oak beams of New College, Oxford. Eine Geschichte von Gregory Bateson, in: The Next Whole Earth Catalog, hrsg. von Stewart Brand, Random House, New York 1980

Brors, Peter / Slodczyk, Katharina: Pioniere der Wirtschaft. Berthold Leibinger: »Wir waren hungrig«, in: Handelsblatt, 14.12.2005

Grabmeier, Stephan: Der Haufe Quadranten Check (Gastbeitrag), in: Komfortzonen.de. Blog für gute Moderation, 26.9.2017

Heuser, Uwe Jean: Kapitalismus inklusive: So können wir den Kampf gegen die Populisten gewinnen, Edition Körber, Hamburg 2017

Lown, Bernard: Die verlorene Kunst des Heilens, Schattauer, Stuttgart 2002

Meissner, Philip / Wulf, Torsten: So reagieren Sie auf Disruption, Harvard Business Manager, April 2018

Meynhardt, Timo: Purpose – mehr als eine Managementmode?, in: FAZ, 11.2.2019

Möbius, Walter: Der Krankenflüsterer, DuMont Buchverlag, Köln 2014

Mutius, Bernhard von: Die große Disruption. Welche Qualifikationen brauchen Bewerber in der Zukunft? 10 Dinge, die Sie können sollten, FOCUS, 27.10. 2017

Packer, George: The Unwinding: An Inner History of the New America, Macmillan, New York 2013

Parke, Matt: Thomas Friedman: Technology is accelerating faster than our ability to adapt, https://workingnation.com/thomas-friedman-technology-accelerating-faster-ability-adapt-can-catch/

Petersen, Anne Helen: How Millennials Became The Burnout Generation, https://www.buzzfeednews.com/article/anne-helenpetersen/millennials-burnout-generation-debt-work

Scheller, Torsten: Auf dem Weg zur agilen Organisation, Vahlen, München 2017

Simon, Fritz B.: Einführung in die systemische Organisationstheorie, Carl-Auer, Heidelberg 2018

Stöcker, Christian: Maschinelles Lernen. Moore's Law ist eine lahme Ente, in: Der Spiegel, 20.5.2018

Vogt, Jonas: Sind wir Millennials die Generation Burnout? In: Der Standard, 20. Januar 2019

Wagner, Eike: Wie funktioniert wirksamer Kulturwandel wirklich?, https://www.change-workout.de/blog-detail/wie-funktioniert-wirksamer-kulturwandel.html

Zuboff, Shoshana: Das Zeitalter des Überwachungskapitalismus, Campus, Frankfurt am Main 2018

## Register

## Danke

Ich danke den Leserinnen und Leser des ersten Buches zum Thema »Disruptive Thinking«, Freunden, Kollegen und zahlreichen Unbekannten, für ihre Resonanz. Sie alle haben mir durch ihre Kritiken, durch ihre Zuschriften und Kommentare zu verstehen gegeben, dass an dem Thema etwas dran ist – und dass ich dranbleiben sollte: Bettina Becker, Antje Conzelmann, Peter Edelmann, Winfried Kretschmer, Marco von Münchhausen, Uwe Raschke, Ines Reich, Herbert Schreib, Leonhard Zintl, die »GeschichtenAgentin« und viele andere. Ich habe die hier nicht Erwähnten nicht vergessen.

Ich danke Matthias Boie und seinem Team. Ohne ihre kluge gestalterische Unterstützung hätte ich dieses Buch mit seinen Denkbildern und Tools nicht realisieren können. Das war in jeder Phase der Arbeit ein Beispiel für kollegiale »Co-Kreation«!

Ich danke Sandra Krebs, die als Programmleiterin des GABAL Verlags dieses Work- & Playbook von der ersten Minute an tatkräftig unterstützt hat. Sowie Anke Schild, die als Lektorin so gewissenhaft daran mitgewirkt hat, dass das Manuskript auch die Wegstrecke bis zum Druck gut zurücklegen konnte.

Bernhard von Mutius
Disruptive Thinking.
Das Denken, das der Zukunft gewachsen ist
232 Seiten, 4-farbig, gebunden mit Lesebändchen
ISBN 978-3-86936-790-3
€ 34,90 (D) / € 35,90 (A)

## Disruptive Thinking live – von der Inspiration zur Aktion

**Bernhard von Mutius: Keynotes, strategische Impulse, Workshops**

Die Dinge drehen – Widersprüche produktiv machen – das kreative Potenzial erweitern

- Wie Sie Widrigkeiten umkehren und Risiken in Chancen verwandeln
- Wie Sie mit Brüchen und Widersprüchen besser umgehen lernen und dadurch Ihr kreatives und innovatives Potenzial erweitern
- Wie Sie Grundannahmen infrage stellen und effektiv mit dem T-Canvas arbeiten
- Wie Sie potenzielle Angreifer und Überraschungen zu Verbündeten machen
- Wie Sie Routinen brechen und Silodenken aufbrechen
- Wie Sie in schwierigen Situationen Mut machen und Menschen stärken

Vorträge und Workshops für alle, die selbst erleben und praktisch ausprobieren wollen, wie Disruptive Thinking geht, wie es sich anfühlt und wie man damit zu radikal neuen, guten und nachhaltigen Lösungen kommt. Als Schritt-für-Schritt-Anleitung für Führung und Organisation. Zum Beispiel als:

- Keynote für Ihre Führungskräftetagung
- Gastvortrag für Ihre Zukunftskonferenz
- Workshop-Sessions bei Ihrem Innovation-Camp
- Impuls für Ihre Strategieklausur
- Intervention bei einem Veränderungsprozess

www.vonmutius.de